全国高等农业院校教材

园 林 艺 术

过元炯　编著

观赏园艺专业用

中国农业出版社

内 容 简 介

本教材分概论、园林造景艺术及技巧以及园林空间构图艺术等三大部分。第一部分着重于弄清概念、明确方向和规划设计的指导思想；第二部分着重于造景艺术与技巧；第三部分则着重于整体构图的艺术规律和意境创造。本教材的特点是：内容比较切合实际，文字通俗，理论简明，并配有插图和照片，使读者易于领会和掌握。

本教材是本科生专业教材，也可作为研究生和园林工作者的参考书。

前　言

园林艺术在园林专业中具有专业基础课和专业课的双重性质，是主干课程。通过本课程给学生传授从事园林规划设计体现艺术性的理论和技巧。在观赏园艺专业，如果不作必修课，亦应作为选修课，是学生重要的参考教材。

本教材是专为农业系统的观赏园艺专业和园林专业而编写的，参考了北京林学院的《园林艺术及园林设计》和《园林工程》，同济大学的《城市园林绿地规划》和沈阳农业大学的《造园学》等讲义以及安怀起先生著的《中国园林艺术》和余树勋先生著的《园林美与园林艺术》等著作，同时根据当前园林事业的发展形势，编写了这分教材。编者认为园林艺术发展到现在，已具有一定的理论体系，可以成为独立的学科。这样可避免与城市绿地规划的基本理论并存在一门课程内，使得学科内容庞杂和拥斥，难于深入，同时可把各类绿地的设计如同建筑设计一样，成为实践课程。使学生在步入社会之前，在学校里就已接受了充实的理论教学和严格的实践训练，使本专业的教学水平得以大大提高。编者在东北林学院的园林专业和浙江农业大学的园林专业便是这样做的。实践证明，教学效果很好。

教材分概论、上篇和下篇三大部分。第一部分概论着重于弄清概念，明确方向和规划设计的指导思想；上篇着重于造景艺术及技巧；下篇则着重于整体构图的艺术规律和意境创造。本教材的特点是结合了作者的研究成果和从教三十多年的体会。因此，内容比较切合实际，文字通俗，理论简明，并配有插图和照片，使读者易于领会和掌握。

在编写教材的过程中曾受到刘佩瑛、鲁涤非、钱熙、赵一宇等教授的多方支持和鼓励，特请余树勋先生审稿，在此，深表谢忱。教材中的部分插图是由贾健强、倪琪和周国宁等三位同志协助完成的，在此一并表示谢意。

目　录

概　论

第一节　园　林

园林，在中国古籍里根据不同性质也称作园、圃、苑、园亭、庭园、园池、山池、池馆、别业、山庄等，英美各国则称之为 Garden、Park、Landscape Garden。它们的性质、规模虽不完全一样，但都具有一个共同的特点，即：在一定的地段范围内，利用并改造天然山水地貌或者人为地开辟山水地貌，结合植物的栽植和建筑的布置，从而构成一个供人们观赏、游息、居住的环境。创造这样一个环境的全过程（包括设计和施工在内）一般称之为造园，研究如何去创造这样一个环境的学科就是造园学。

绿化一词，源出于俄文 Озеление，是泛指除天然植被以外的，为改善环境而进行的树木花草的栽植。就广义而言，绿化可以归入园林的范畴。但本书所讨论的园林，就其狭义而言，并不包括绿化在内。

景观建筑（Landscape Architecture）也有译作园林学或造园学的；它的内容非常广泛，除通常所谓造园、园林、绿化之外，尚包含更大范围的区域性甚至国土性的景观、生态、土地利用的规划经营，是一门综合性的环境学科。本书讨论的对象仍以造园、园林为主，一般不涉及区域性的景观问题。

园林的规划有大有小，内容有简有繁，但都包含着土地、水体、植物和建筑四种基本因素。

土地和水体是园林的地貌基础。天然的山水需要加工、修饰、整理。人工开辟的山水要讲究造型、要解决许多工程问题。因此，筑山（包括地表起伏的处理）和理水，就逐渐发展成为造园的专门技艺。植物栽培起源于生产的目的，早先的人工栽植，以提供生活资料的果园、菜畦、药圃为主，后来随着园艺科学的发达，才有了大量供观赏之用的树木和花卉。现代园林的植物配置，是以观赏树木和花卉为主，但也有辅以部分果树和药用植物，而把园林与生产结合起来的情况。建筑包括屋宇、建筑小品以及各种工程设施，它们不仅在功能方面必须满足游人的游憩、居住、交通和供应的需要，同时还以其特殊的形象而成为园林景观的必不可少的一部分；建筑之有无也是区别园林与天然风景的主要标志。

一座园林，可以多一些山水的成分，或者侧重于植物造景、或者建筑密度比较大，但在一般情况下，总是土地、水体、植物和建筑这四者的结合。因此，筑山、理水、植物配置、建筑营造便相应地成为造园的四大要素。这四大要素都牵涉到一系列的土木工事，需要投入一定的人力、物力和资金，因此也反映了一个地区、一个时代的经济发展和科学技术水平。所以说，园林是一种社会物质财富。把山、水、植物和建筑组合成为有机的整体，从而创造出丰富多采的园林景观，给予人们以赏心悦目的美的享受。就这个意义而言，园林又是一种艺术创作。作为社会物质财富的园林，它的建筑必然要受到社会生产力和生产关系的制约。随着生产的发展，园林的内容由简单而复杂，由粗糙而精致，规模从较小的范围扩大到城镇甚至整个区域，在人民的正常生活中，发挥着愈来愈大的作用。而不同的社会制度，园林的性质、内容和服务对象也有所不同。作为艺术创作的园林，它的风格必然与文化传统、历史条件、地理环境有着密切的关系，也带有一定的阶级烙印。因此，世界上不同地区、民族和各个历史时期，大抵都相应地形成各自的园林风格，有的则发展成为独特的园林体系。这些都是劳动人民智慧和创造的结晶，全人类文化遗产中弥足珍贵的组成部分。

古代园林，绝大部分都属于统治阶级所私有：主要类型为帝王的宫苑，贵族、官僚、地主和富商在城市里修建的宅园和郊外修建的别墅；寺院所属的园林和官署所属的园林等，公共游览性质的园林为数极少。19 世纪以后，在一些资本主义国家，由于大工业的发展，造成了城市人口过度集中、城市建筑密度增大的情况。资产阶级为避开城市的喧嚣，而纷纷在郊野地带修建别墅；为了满足一般城市居民户外生活的需要，则于大规模建造集团式住宅的同时，辟出专门地段来建造适应于群众性游憩活动的公园、街心公园、林荫道等公共性质的园林。这样，构成了这一时期园林建设的主要内容。

从 20 世纪 60 年代开始，在工业高度发达的国家，由于人民生活水平不断提高，工作时间逐渐减少，从而对游憩环境的需要就与日俱增。旅游观光事业，以空前的规模蓬勃地发展起来，对园林建设也相应地提出了新的要求。现代园林的概念，不仅仅局限在一定范围内的宅园、别墅、公园等，其内容已大大扩展，几乎人们活动的绝大部分场所，都和园林发生着联系。举凡城市的居住区、商业区、中心区、文教区以及公共建筑和广场等，都加以园林绿化；郊野的风景名胜区、文物古迹，也都结合园林建设来经营。园林不仅是作为游赏的场所，还利用它来改善城镇小气候条件、调整局部地区的气温、湿度、气流，并以它来保护环境、净化城市空气、减低城市噪音、抑制水质和土壤的污染。园林还可以结合生产，如栽培果木、药材、养殖水生动植物等，以创造物质财富。总之，现代园林比之以往任何时代，范围更大，内容更丰富，设施更复杂。如果按照它们的性质和使用功能来加以区分，大体上可以归纳为下列几类（以上摘自《园林建筑设计》p1—p2）。

（一）**风景名胜区**

（二）**公共园林**　包括公园、街心花园、小游园以及道路绿化等。其中公园包括市公园、区公园、文化公园、儿童公园、动物园、植物园、森林公园、雕塑公园、体育公园、科学公园、交通公园、游乐园、纪念性公园、文物古迹园林以及各种专类性花园等。

（三）**专用绿地**　包括工矿、企业、机关、学校等等单位的庭园。

（四）**街坊绿地**　包括宅院。

单纯作为生产用的果园、苗圃、花圃、林地或单纯作为防护林带的绿地，均不能称为园林。但它们是构成花园城镇绿化系统的重要组成部分。现在所谓的园林，泛指借植物美化环境并可提供游憩的绿地。所谓园林化，就是要用园林的要求来美化祖国的城市和乡镇，美化人们生活和生产的环境，其特点是，第一，具有社会性和群众性；第二，必是以植物为主体的艺术境界。Charles W. Eliot 1910 年在给《Landscape Architecture》的信中说："园林本来就是一种艺术，其最重要的功能就是创造和保存人类居住环境和广袤国土之上自然风景的美；同时，园林理应给日渐疏远田园风光的都市人提供美丽而宁静的风景，以满足他们亲近自然的迫切需要，更新和安慰因紧张而成天忙碌的劳动生活，增进都市人的享乐，方便和健康。"（弗·培根著《培根论文集》，商务印书馆，1958 年版第 165—166 页）其卓越之预见性，令人钦佩。

第二节　园　林　学

园林学包括的范围很广，必须对它逐步分析，才能了解其梗概。

（一）众所周知，没有树木花草便不成其为园林，所以花草树木是构成园林的首要条件。要搞好园林建设，首先要掌握与植物有关的科学知识，诸如植物解剖学、植物形态学、植物分类学、植物生理学、植物生态学、园林树木学以及花卉栽培学等学科。要想使植物生长繁茂，还必须懂得土壤学、肥料学和病虫害防治学等学科。

（二）人们生活和生产活动的环境质量需要提高，这包括两个方面：1. 要增加环境效益，诸如防风沙尘土、遮烈日、降温增湿、减低大气污染、改善生态条件等等；2. 要美化环境，因此作为园林工作者既要懂得环境科学方面的知识，也要掌握园林艺术与规划方面的理论与技巧，要提高艺术素质和欣赏能力。因为中国园林是与文学艺术、诗画、雕塑、音乐等结合在一起，成为不可分割的艺术整体。为此，要搞好园林建设，还应学习园林文学、绘画、雕塑、音乐等方面的知识和技巧。

（三）园林空间不仅是一个艺术空间，同时也是一个生活空间，可行、可赏、可游、可居是园林所追求的基本思想。所以在营建园林中要改造地形，修建园路，建筑亭、台、楼、阁，布设给排水系统以及照明系统等等，因而需要掌握园林工程、园林建筑以及地质地貌学等方面的基础知识。

（四）中国是一个文明古国，许多风景区都与丰富的人文资源交织在一起，因而要搞风景名胜区的规划设计，须具备历史、地理和风景地质学方面的科学知识。

（五）园林不单纯是供人们欣赏的艺术园地，也是人们社会活动的场所，人的兴趣、爱好和活动量是随时代、年龄、职业、社会经历、文化素养等各异其趣的。老年人游园喜欢恬静和慢游细赏；年轻人兴趣的广度与老年人差距甚大，好奇性、冒险性、娱乐性、戏剧性是他们的特点，向往高山大海、急流险滩、航海游泳、歌舞联欢、打球照相等等。人们对景观的评价也不完全一致，对自然风景的评价不会总是停留在山青水秀、古刹钟声的一种标准上；或者也愿意欣赏一下大漠孤烟直，沙漠驼铃声和风吹草低见牛羊等广阔场面和豪放气派。园林也不能只是迂回曲折，小中见大的单一风格。园林风格的新奇性、多样性、娱乐性，不仅为小孩所喜欢，大人、老人也都喜欢。因而要搞好园林规划设计和园林建设，还要懂得一些社会心理学。

（六）我国园林不同于西洋园林那样坦荡。它讲究含蓄，富有哲理，尤其是写意山水园林，常常体现出作者的思想感情所要表达的意图和人生哲学。因此，园林工作者也须要懂得一些哲理。

（七）建设园林需要耗费大量的物质财富和劳动力，在宏观布局和具体项目的规划设计中，必须考虑社会效益、环境效益和经济效益。其中社会效益即指由此带给社会的一系列功利，如满足游人的游憩和解决社会的就业问题等；环境效益是指提高环境的生态效益和卫生效益；经济效益是指以最少的钱办最多的事，取得最好的效果，这仅是一方面，同时吸收社会游资，为地方和国家增收。为此也要懂得一些经济管理学方面的知识。

综上所述,园林学是一门自然科学与社会科学交织在一起的综合性很强的边缘科学,所以作为一个园林专家,应该具有多方面的科学知识。

园林学的研究范围是随着社会生活和科学技术的发展而不断扩大的。当前的研究范围,包括传统园林学、城市绿化和大地景观三个层次。

传统园林学主要包括园林史、园林艺术、园林植物、园林工程、园林建筑等分支学科,园林设计是根据园林的功能要求、景观要求和经济技术条件,运用上述各分支学科的研究成果,来创造各种园林的艺术形式和艺术形象。

城市绿化学科是研究绿化在城市建设中的作用,确定城市绿地定额指标、城市绿地系统的规划和公园、街道绿地以及其它绿地的设计等。

大地景观研究的任务,是把大地的自然景观和人文景观当作资源来看待,从生态效益、社会效益和审美效益等三个方面进行评价和规划。在开发时最大限度地保存自然景观,最合理地使用土地。规划步骤包括自然资源和景观资源的调查、分析和评价；保护或开发原则和政策的制定以及规划方案的制订等。大地景观的单体规划内容有风景名胜区规划、国家公园规划、休养胜地规划和自然保护区游览部分的规划等。这些工作也要应用传统园林学的基础知识。

园林学的发展,一方面引入各种新技术,新材料,新的艺术理论和表现方法用于园林营建,如利用遥感技术及电脑解决设计、植物材料、生态条件、优化组合等方面,将来会十分有利于这一学科的发展；另一方面要进一步研究自然环境各个因素和社会因素的相互关系,引入心理学、社会学和行为科学的理论,深入地探索人们对园林的需求及其解决的途径。

第三节 园林艺术

园林艺术在中国源远流长,其完整的理论体系早在公元1631年就见诸于明代计成所著《园冶》一书。流入日本,该书被誉为《夺天工》,可见对其评价之高。专用名词造园一词首见于该书,以后一直为日本所延用。

在西方,16世纪的意大利、17世纪的法国和18世纪的英国,园林已被认为是非常重要的艺术,它是各种艺术融于园林为一体的荟萃艺术。1638年法国造园家J. 布阿依索的名著《论园林艺术》问世,他的论点是:"如果不加以条理化和安排整齐,那么人们所能找到的最完美的东西都是有缺陷的"。17世纪下半叶,法国造园学家A. 勒诺特提出,要强迫自然接受均匀的法则,他主持设计的凡尔赛宫苑,利用地势平坦的特点,开辟大片草坪、花坛、河渠,创造宏伟华丽的园林风格,被称为勒诺特风格,西欧各国竞相仿效。1770—1831年著名的德国古典哲学家黑格尔在他美学著作中说:"园林艺术替精神创造一种环境,一种第二自然"。他认为"园林有两种类型,一类是按绘画原则创造的,一类是按建筑原则建造的,因而必须把其中绘画原则和建筑的因素分别清楚"。前者力图模拟大自然,把大自然风景中令人心旷神怡的部分,集中起来,形成完美的整体,这就是园林艺术；后者则用建筑方式来安排自然事物，人们从大自然取来花草树木，就象一个建筑师为了营造宫殿，从自然界取来石头、大理石和木材一样，所不同者，花卉树木是有生命的。用建筑方式来安排花草树木、喷泉、水池、道路、雕塑等，这就是园林艺术。由于艺术观点的不同，产生的园林风格迥异。然而作为上层建筑的园林艺术，本来就允许多种风格的存在，随着东西方文化交流，思想感情的沟通，各自的风格都在产生维妙维肖的变化，从而使园林艺术更趋于丰富多采，日新月异。

园林艺术同其它艺术的共同点是，它也能通过典型形象反映现实，表达作者的思想感情和审美情趣，并以其特有的艺术魅力影响人们的情绪，陶冶情操，提高文化素养。所不同之点是：园林不单纯是一种艺术形象，还是一种物质环境，园林艺术是对环境加以艺术处理的理论与技巧，因而园林艺术就有它自身的特点。

（一）园林艺术是与功能相结合的艺术　在考虑园林艺术性的同时，要考虑环境效益、社会效益和经济效益等多方面的要求，做到艺术性与功能性的高度统一。

（二）园林艺术是有生命的艺术　构成园林的主要素材是植物。利用植物的形态、色彩和芳香等作为园林造景的主题；利用植物的季相变化构成奇丽的景观。而植物是有生命的，因而园林艺术就具有生命的特征，它不象绘画与雕塑艺术那样，抓住瞬间形象凝固不变，而是随岁月流逝，不断变化着自身的形体以及因植物间相互消长而不断变化着园林空间的艺术形象，因而园林艺术是有生命的艺术。

（三）园林艺术是与科学相结合的艺术　园林艺术是与功能相结合的艺术，所以在规划设计时，首先要对其多种功能要求综合考虑，对服务对象、环境容量、地形、地貌、土壤、水源及其周围的环境等等进行周密地调查研究，方能着手规划设计。园林建筑、道路、桥梁、挖湖堆山、给排水工程以及照明系统等等无不需要按严格的工程技术要求设计施工，才能保证工程质量。植物因其种类不同，其生态习性、生长发育规律以及群落演替过程等也就各异。只有按其习性，因地制宜，适地适树，加上科学管理，达到生长健壮和枝叶繁茂，这是植物造景艺术的基础。综上所述，一个优秀的园林，从规划设计、施工及养护管理，无一不要依靠科学，而只有依靠科学，园林艺术才能尽善尽美。所以说园林艺术是与科学相结合的艺术。

（四）园林艺术是融汇多种艺术于一体的综合艺术　园林是融文学、绘画、建筑、雕塑、书法、工艺美术等艺术门类于自然的一种独特艺术。它们为充分体现园林的艺术性而各自在自己的位置上发挥着作用。也可以说各门艺术的综合，必须彼此渗透和融合，融汇贯通，形成一个适合于新的条件，能够统辖全局的总的艺术规则，从而体现出综合艺术的本质。

从上面列举的四个特点可以看出，园林艺术不是任何一种艺术可以代替的，任何一个专门家都不能完美地单独完成造园任务。有人说造园家如同乐队指挥或戏剧的导演，他虽然不一定是个高明的演奏家或演员，但他是乐队的灵魂，戏剧的统帅；他虽不是一个高明的画家、诗人或建筑师等，但他能运用造园艺术原理及其它各种艺术的和科学的知识统筹规划，把各个艺术角色安排在适宜的位置，使之互相协调，从而提高其整体艺术水平。因此，园林艺术的实现，是要靠多方面的艺术人才和工程技术人员，同力协作才能完成的。

园林艺术的上述特征，决定了这门艺术反映现实和反作用于现实的特殊性。一般来说，园林艺术不反映生活和自然中丑的东西，它反映的自然形象是经过提炼的令人心旷神怡的部分。古典园林中的园林景物，在思想上尽管有虚假的自我标榜和封建意识的反映；但它的艺术形象通过愉悦感官，能引起心理上和情绪上的美感和喜悦，正所谓"始于悦目，夺目而归于动心"。

大自然是没有阶级性的，因此自然美的艺术表现，就会引起不同阶级共同的美感。园林虽然能表现一定的思想主题，但其反映现实较模糊，它不可能具体说明事物，因而它的思想教育作用远不能和小说、戏剧、电影相比，但它能给人以积极的、情绪上的感染和精神与文化上的陶冶作用，有利于身心健康，有利于精神文明建设。

由于上述特点，决定了园林的思想内容和表现形式互相适应的幅度较大。同样一种形式，可容纳较广泛的思想内容。如中国的传统园林既包含玄学，也可容纳道教、佛教、文人和士大夫的思想意识。自然山水园林形式既可表现帝王或封建文人思想主题，也可为社会主义精神文明建设服务。但是这并不意味着它不反映社会现实，形式和内容可以脱节。一定的园林艺术形式总是特定历史条件下政治、经济、文化以及科学技术的产物，它一定带有那个时代的精神风貌和审美情趣等。今天，无论就我国的社会制度，还是时代潮流，都发生了根本的变化，生产关系和政治制度的巨大变革以及新的生产力带来的社会进步和文明发展，都影响到人们的生活方式、心理特征、审美情趣和思想感情的巨变，它必然和旧的园林艺术形式发生矛盾，一种适应社会主义新时代的园林艺术形式，必将在实践中发展和完善起来。

总之，园林艺术主要研究园林创作的艺术理论，其中包括园林作品的内容和形式，园林设计的艺术构思和总体布局，园景创造的各种手法、形式美构图的各种原理在园林中的运用等。

第四节　园　林　美

要研究园林艺术，首先要懂得什么是美？什么是园林美？关于美的问题涉及到哲学范畴，已有许多美学专著可供参考。在本书中不再赘述。在这里提出三个概念，将有助于对美的理解。第一，在公元前六世纪，古希腊的毕达哥拉斯学派认为："美就是一定数量的体现，美就是和谐，一切事物凡是具备和谐这一特点的就是美"。这一论点对以后西方文艺产生过深远的影响。第二，德国黑格尔（1770—1831）认为："美是理念的感情显现"，并且辩证地认为"客观存在与概念协调一致才形成美的本质"，这种思想成为马克思主义的美学理论来源之一。第三，"美是一种客观存在的社会现象，它是人类通过创造性的劳动实践，把具有真和善的品质的本质力量，在对象中实现出来，从而使对象成为一种能够引起爱慕和喜悦的感情的观赏形象，就是美"（《美和美的创造》江苏人民出版社）。辩证唯物主义美学家认为，没有美的客观存在，人们不可能产生美感，美存在于物质世界中。列宁说："我们的意识只是外部世界的映象，不言而喻，没有被反映者，就不可能有反映"，这就是存在决定意识的基本观点。马克思认为，任何物种都有两个尺度，即任何物种的尺度和内在固有的尺度。这两个尺度都是物的尺度，是相对而言的。内在固有的尺度是指物的内在属性，内在特征。那么与之相对的任何物种的尺度是指物的外部形态，特定的具体物质形态。它作为特定物的所特有的属性，这个属性不是它的共性、种属性所包括了的。例如黄河，除了具有河流的共同属性外，还有它自己特点，象水流混浊，泥沙严重淤塞，有些地方成为地上河等等。因此我们认为马克思所说的两个尺度的关系，就是物的个性与种属性、现象与本质、形式与内容……两个方面的美的条件关系，美的规律就是这两个方面的高度统一的规律。这种对立的统一关系是处于永远不停顿的运动变化状态。因此，对于同类一系列的个别事物来说，各自两者之间的关系是不平衡的，有的两者之间统一的面占优势，呈现出事物美的一面，有的两者之间对立面占优势，则呈现出事物丑的一面，有的只达到一般的统一，则事物呈现平庸。因此，我们通过对事物的这种关系属性的研究，可以给美下个定义：美是事物现象与本质的高度统一，或者说，美是形式与内容的高度统一，是通过最佳形式将它的内容表现出来。

自然美　凡不加以人工雕琢的自然事物如泰山日出、钱江海潮、黄山云海、黄果树瀑布、峨嵋佛光、云南石林、贵州将军洞等等，凡其声音、色泽和形状都能令人身心愉悦，产生美感，并能寄情于景的，都是自然美。

自然美来源于自然，唐代文学家柳宗元在《邕州柳中丞作马退山茅亭记》一文中提到"夫美不自美，因人而彰"。美的自然风光是客观存在的，离开了人类就无所谓美，只有当它与人类发生联系以后，才有美与丑的鉴别。黑格尔说"……有生命的自然事物之所以美，既不是为它本身，也不是由它本身为着显示美而创造出来的。自然只是为其它对象而美，这就是说，为我们，为审美意识而美"。这个观点与柳宗元的观点接近。自然美反映了人们的审美意识，只有和人发生了关系的自然，才能成为审美对象。

自然美美在哪里？自然界的事物并不是一切皆美的，只有符合美的客观规律的自然事物才是美的。例如孔雀比野鸡美，梅花比桃花美，熊猫比狗熊美，黄山比五岳美，金鱼比鲤鱼美，虽然前者与后者所构成的物质基本一致，但是形象与形式不完全一样，前者的形式比后者更符合美的法则，因此，美在形式。宇宙无穷事物，美的毕竟是少数，所以世界著名的风景名胜并不甚多，作为自然之子的我国十多亿人口，在人体结构形式上，符合美的形式法则者，也是不多见的。自古以来，著名的美人也是屈指可数的。世界各地，虽然都有日月、山水、花草、鸟兽，但国内外游客还是不惜金钱，不辞辛苦，千里迢迢到泰山日观峰，去欣赏旭日东升，舟游长江三峡，去欣赏两岸的峭壁陡峰和那汹涌的波涛，目的是愉悦耳目，猎取自然的形式美。

自然美包含着规则和不规则的两种自然形式，例如在花岗岩节理发育的地貌中，岩体被分割成许多平面呈矩形的岩块，风化严重者呈球形。在英国北爱尔兰安特令郡海岸的巨人堤，由四万多根石柱聚集而成，堤身伸展出海，望而不见终端，石柱大部分呈完全对称的六边形，也有四边、五边或八边的，从空中俯瞰石柱，宛如铺路石子，排列得整整齐齐（照片1）。这是在8000多万年前地壳剧烈变动，使不列颠群岛一股玄武岩浆涌上地面，形成洪流，流向大海，冷却收缩而成，为当今世界奇观之一。绝大多数植物的叶和花都是对称的，而整个植株的形象却呈不规则状，这都说明规则的形式常寓于不规则形式之中，反之亦然。规则的与不规则的两种自然形式与形象共存于一个物体之中，几乎是普遍现象，如地球是椭圆的，但它的表面呈现高山、平地、江河与湖海等等，到处都凹凸不平，曲折拐弯。有些树木冠形整齐，但它的枝叶却并不规则，如铅笔柏、中山柏等。有人认为，自然美是高级阶段的美，规则美是低级阶段的美，这从人们审美的发展过程来说也许是对的。因为当时慑于大自然威力的人们，不会对莽莽丛林和浩瀚大海产生美感。但从美的本身来讲，并不能说明规则的美比不规则的美低级。美与不美是相对的，只要能引起美感的事物都是美的，但是美的程度是比较而言的。太阳和月亮在人们的心目中，都是圆的，圆就是规则的形象，也是完美的象征。大多数的花都是对称的，它们都是天然生成，当然是自然美。被艺术家誉为最美的人体，是绝对对称的，如果某人某部分出现不对称现象，就被称为畸形或者病态。因而我们不要认为不规则的美是高级的美，规则美是低级的美。不论规则还是不规则的形式或形象都来自自然，只要这些形式或形象及其所处的环境具有和谐的特点，便都是美的。著名雕塑家罗丹说："自然总是美的"，"一山自有一山景，休与他山论短长"，所以规则与不规则的形体从来没有彼美此丑或彼高此低的区别，不可以作简单粗暴的判断，它们都是美中不可缺少的形式与形象。由规则和不规则的形体结合在一起，既不显杂乱，又不显呆板，更为生动。人体是绝对对称的，但如今的发式与衣着却往往是不对称的，因而显得活泼与潇洒。人在翩翩起舞时，舞蹈动作大多不对称，却显得异常生动，富有动态美。

总之，自然美包含着规则与不规则两种形式，这两种形式原本结合在一起，有的从大处结合，有的从小处结合，只要结合呈现和谐，便成为完美的整体。如举世闻名的万里长城、埃及金字塔、长江与黄河上的一座座大坝以及座落在地球上的一个个城市和村庄，无不为大自然增添更多的魅力。了解这个原因，便能创造出更为美好的世界。这便是规则与不规则两种形式结合在一起，而不采用过渡形式，也能达到统一的根本原因。

常见的自然美，有日出与日落、朝霞与晚霞、云雾雨雪等气象变化和百花争艳、芳草如茵、绿荫护夏、满山红遍以及雪压青松等植物的季相变化，哪一不是园林中的自然美。以杭州西湖为例，它有朝夕黄昏之异，风雪雨雾之变，春夏秋冬之殊，呈现出异常丰富的气象景观。前人曾言："晴湖不如风湖，风湖不如雨湖，雨湖不如月湖，月湖不如雪湖"。西湖风景区呈现出春花烂漫、夏荫浓郁、秋色绚丽、冬景苍翠的季相变化。西湖瞬息多变，仪态万千，西湖的自然美因时空而异，因而令人百游而不厌。

气象景观和植物的季相变化，是构成园林自然美的重要因素。除气象景观和季相变化外，还有地形地貌、飞禽走兽和水禽游鱼等等自然因素的变化。如起伏的山峦、曲折的溪涧、淙淙的泉水、啾啾的鸟语、绿色的原野、黛绿的丛林、烂漫的山花、馥郁的花香、纷飞的彩蝶、奔腾的江河、蓝色的大海和搏浪的银燕等等，这些众多的自然景观，无一不是美好的。这种美观非人工美所能摹拟，自然质朴、绚丽壮观、宁静幽雅、生动活泼。

在一些以拟自然美为特征的江南园林中，有一些对自然景色的描写，如"蝉噪林愈静，鸟鸣山更幽"、"爽借清风明借月，动观流水静观山"，"清风明月本无价，近水远山皆有情"等诗句，只不过是对拟自然美的艺术夸张，然而却是对自然美的真实写照。

生活美　园林作为一个现实环境，必须保证游人游览时，感到生活上的方便和舒适，要达到这个目的，首先要保证环境卫生、空气清新，水体洁净并消除一切臭气；第二要有宜人的微域；第三要避免噪音；第四植物种类要丰富，生长健壮繁茂；第五要有方便的交通，完善的生活福利设施，适合园林的文化娱乐活动和美丽安静的休息环境；第六要有可挡烈日、避风雨、供休息、就餐和观赏相结合的建筑物。现代人们建设园林和开辟风景区，主要是为人们创造接近大自然的机会，接受大自然的爱抚，享受大自然的阳光、空气和特有的自然美。在大自然中充分舒展身心，恢复疲劳和健康。但是它毕竟不同于原始的大自然和自然保护区，它必须保证生活美的六个方面，方能使园林增色，相得益彰，才更能吸引游人游览。

艺术美　人们在欣赏和研究自然美、创造生活美的同时，孕育了艺术美。艺术美应是自然美和生活美的拔高，因为自然美和生活美是创造艺术美的源泉。存在于自然界中的事物并非一切皆美，也不是所有的自然事物中的美，都能立刻被人们所认识。这是因为自然物的存在不是有意识地去迎合人们的审美意识，而只有当自然物的某些属性与人们的主观意识相吻合时，才为人们所赏识。因而要把自然界中的自然事物，作为风景供人们欣赏，还须要经过艺术家们的审视、选择、提炼和加工，通过摒俗收佳的手法，进行剪裁、调度、组合和联系，才能引人入胜，使人们在游览过程中感到它的完美。尤其是中国传统园林的造景，虽然取材于自然山水，但并不象自然主义那样，把具体的一草一木、一山一水，加以机械摹仿，而是集天下名山胜景，加以高度概括和提炼，力求达到"一峰山太华千寻，一勺水江湖万里"的神似境界，这就是艺术美，康德和歌德称它为"第二自然"。

还有一些艺术美的东西，如音乐、绘画、照明、书画、诗词、碑刻、园林建筑以及园艺等等，都可以组织到园林中来，丰富园林景观和游赏内容，使对美的欣赏得到加强和深化。

生活美和艺术美都是人工美，人工美赋予自然，不仅是锦上添花和功利上的好处，而且是通过人工美，把作者的思想感情倾注到自然美中去，更易达到情景交融，物我相契的程度。

综上所述，园林美应以自然美为特点，与艺术美和生活美高度统一。

第五节　园林风格

园林风格系指反映国家民族文化传统、地方特点和风俗民情的园林艺术形象特征和时代特征。

(一)反映不同国家、不同时代的风格特点　不同国家其风格不一样。从古典园林来说，有以意大利和法国为代表的规则式园林风格；有以英国为代表的，以植物造景为主的自然式园林风格；有以中国为代表的写意山水式的园林风格。同一国家，由于时代不同，其先后的风格也有所不同。就以意大利和法国来说，他们已经摆脱古典园林风格的束缚，向浪漫主义的自然式园林发展。现在欧美各国的园林，已打破了原有界线，与整个城市和城郊园林绿地融为一体，并正在用生态学的观点在改造园林。

我国的近代园林，也正在摆脱传统园林风格的影响，走以植物造景为主的道路。园林建筑多趋于轻巧玲珑，色彩明快，过去以石为主的假山，现在改用以土为主，并创造丘陵起伏的地形地貌，同时增多了现代化的文化游乐设施。

(二)反映地方特点　同为规则式园林，风格也不一。如意大利多山地，把山地修成台地，在台地上造规则式园林。而法国多平地，则在平地上建造规则式园林，通过园林反映出各自的地方特点。同为草原牧场风光的园林，由于地方植物种类不同，用地面积大小不一。英国和美国的园林风格，有明显的差别。英国园林用地面积小，多常绿阔叶树，美国园林用地大多常绿针叶树。同为自然山水式园林，中国和日本在风格上也有着明显的差异。

日本园林风格虽然源于中国，但他们结合了国土的地理条件和风俗民情，形成了自己的风格。日本造园家通过石组手法，布置茶庭和枯山水，把造庭艺术简化到象征性表现，甚至濒于抽象，有一定的程式化，过于刻板。就我国古典园林来讲，江南园林与北方园林也有明显的差别，北方皇家园林富丽堂皇、气派大、尺度大、建筑厚重、多针叶树；江南园林尺度小、建筑轻巧典雅、多常绿阔叶树；同为江南园林，还有杭州园林、扬州园林和苏州园林等地方风格之别。同是现代园林，人们常以"稳重雄伟"来形容北方园林；以"明秀典雅"来形容江南园林；以"物朗轻盈"来形容岭南园林；另外还有山地与海滨等风格迥异的园林。由于城市发展的历史不同，也影响到园林风格。如哈尔滨市园林受俄罗斯民族和日本庭园的影响，具有粗犷与精细并存的特点，其中园林建筑和花坛具有浓郁的西洋风味，与历史悠久的古老城市中的园林风格有着明显的区别。

（三）**个人风格**　同一块绿地，表现同一主题，但由于设计者不同，作品的风格就不可能一致，这里体现个人风格的问题。这因设计者的生活经历、立场观点、艺术修养、个性特征不同，在处理题材、驾驭素材、表现手法等方面都有所不同，各具特色。风格体现在艺术作品的内容和形式的各个方面，尽管如此，个人的风格是在时代、民族、阶级风格的前提下形成的；但时代、民族、阶级的风格又是通过个人风格表现出来的。

在园林风格的创造上，忌千篇一律，千人一面，更不能赶时髦。广东园林风格，曾几何时风行全国，苏州园林也是满天飞。东施效颦，贻笑大方。还是应该因地制宜，因情制宜，形成具有地方特色的新风格。在现代园林设计中，师法于古，又不拘泥于古，要在贯通古今中外，融汇百家的基础上，大胆变革创新，要体现出时代精神。这样才能达到形式更趋完善，风格更为新颖。

第六节　规划形式

古今中外的园林，尽管内容丰富，形式多样，风格各异。但就其布局形式而言，不外四种类型：即规则式与自然式，并由此派生出来的规则不对称式和混合式。

（一）**规则对称式**　其特点强调整齐、对称和均衡。有明显的主轴线，在主轴线两边的布置是对称的，因而要求地势平坦，若是坡地，需要修筑成有规律的阶梯状台地，表现在建筑上应采用对称形式，布局严谨；表现于园林内各种广场，基本上采用几何图形。园林中的水体轮廓都为几何形体，驳岸严正，并以整形水池、壁泉、喷泉、瀑布为主，运用雕象配合喷泉及水池为水景主题。表现在道路系统上，由直线或有轨迹可循的曲线所构成；植物配置强调成行等距离排列或作有规律地简单重复，对植物材料也强调整形，修剪成各种几何图形；花坛布置以图案式为主，或组成大规模的花坛群。规则式的园林，以意大利台地园和法国宫廷园为代表（图1），给人以整洁明朗和富丽堂皇的感觉（照片2）。遗憾的是缺乏自然美，一目了然，欠含蓄，并有管理费工之弊。我国北京天坛公园、南京中山陵都是规则式的，它给人以庄严、雄伟、整齐和明朗之感。

1

图 1 规则式园林

1. 台地园示例之一，意大利佐尼庄园建于 1652 年，这类巴洛克式花园，强调中轴对称，
并利用地形组成台梯级台地水流瀑布，构成庭园空间由低而高的视线焦点，形成丰富的层次

引自《建筑与水景》

（二）规则不对称式 绿地的构图是规则的，即所有的线条都有轨迹可循，但没有对称轴线，所以空间布局比较自由灵活。林木的配置多变化，不强调造型，绿地空间有一定的层次和深度。这种类型较适用于街头、街旁以及街心块状绿地（图2）。

（三）自然式 自然式构图的特点是：它没有明显的主轴线，其曲线无轨迹可循；地形起伏富于变化，广场和水岸的外缘轮廓线和道路曲线自由灵活；对建筑物的造型和建筑布局不强调对称，善于与地形结合；植物配置没有固定的株行距，充分发挥树木自由生长的姿态，不强求造型；在充分掌握植物的生物学特性的基础上，不同种和品种的植物可以配置在一起，以自然界植物生态群落为蓝本，构成生动活泼的自然景观。自然式园林在世界上以中国的山水园与英国式的风致园为代表（图3和图4）。

德国威廉领地(Wilheims home)
一组古典风格的水景建筑,建于1701
年,跌落高度为130英尺的中央瀑布,
引导视线由低向高延伸,衬托八角宫的
方尖塔和高达33英尺的大力士神像气
势雄伟

A. 八角宫
B. 水瀑布
C. 蓄水池

2

图 1　规则式园林
2. 台地园示例之二(德国威廉领地)

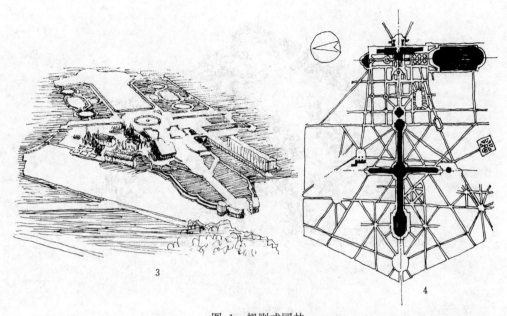

3

4

图 1　规则式园林
3.平地规则式园林规划图示例之一　4.平地规则式园林规划图示例之二，
法国凡尔赛宫园平面规划图

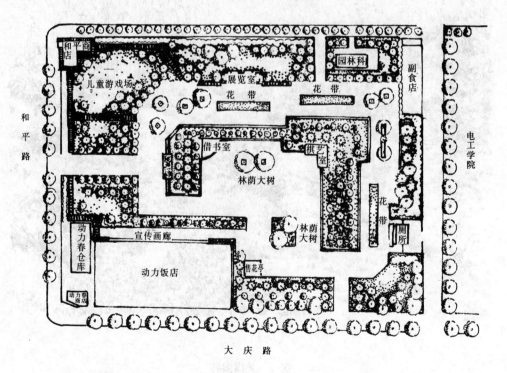

图 2　规则不对称式规划设计图示例——街头块状绿地

图 3　英国园林

1. 英国园林之一

图 3　英国园林

2. 英国园林之二

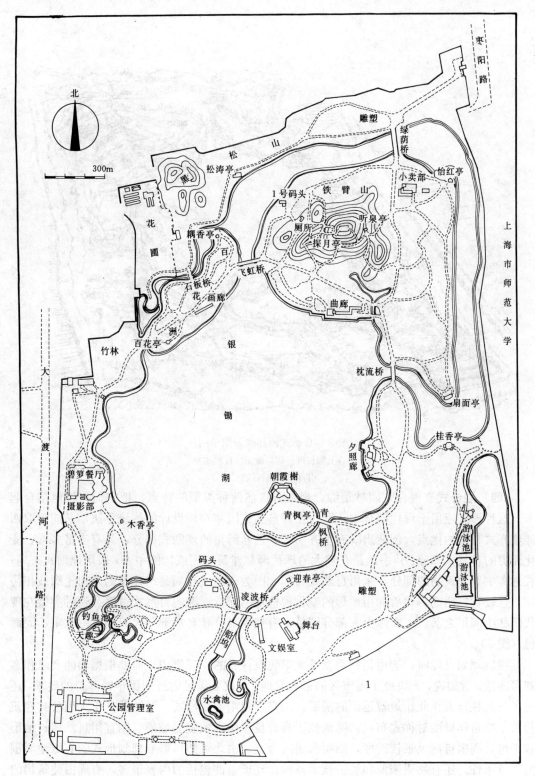

图 4　自然式园林规划图示例

1. 上海长风公园平面图

引自《中国新园林》

图 4 自然式园林规划图示例

2.上海长风公园鸟瞰图（自然式）

引自《中国新园林》

（四）混合式 混合式园林是综合规则与自然两种类型的特点，把它们有机地结合起来。这种形式应用于现代园林中，既可发挥自然式园林布局设计的传统手法，又能吸取西洋整齐式布局的优点，创造出既有整齐明朗，色彩鲜艳的规则式部分，又有丰富多彩，变化无穷的自然式部分。其手法是在较大的现代园林建筑周围或构图中心，采用规则式布局；在远离主要建筑物的部分，采用自然式布局。因为规则式布局易与建筑的几何轮廓线相协调，且较宽广明朗，然后利用地形的变化和植物的配置逐渐向自然式过渡。这种类型在现代园林中间用之甚广。实际上大部分园林都有规则部分和自然部分，只是所占比重不同而已（图5）。

在做规划设计时，选用何种类型不能单凭设计者的主观愿望，而要根据功能要求和客观可能性。譬如说，一块处于闹市区的街头绿地，不仅要满足附近居民早晚健身的要求，还要考虑过往行人在此作短暂逗留的需要，则宜用规则不对称式；绿地若位于大型公共建筑物前，则可作规则对称式布局；绿地位于具有自然山水地貌的城郊，则宜用自然式；地形较平坦，周围自然风景较秀丽，则可采用混合式。由此可知，影响规划形式的有绿地周围的环境条件，还有物质来源和经济技术条件。环境条件包括的内容很多，有周围建筑物的性质、造型、交通、居民情况等等。经济技术条件包括投资和物质来源，技术条件指的是技术力量和艺术水平。一块绿地决定采用何种类型，必须对这些因素作综合考虑后，才能作出决定。

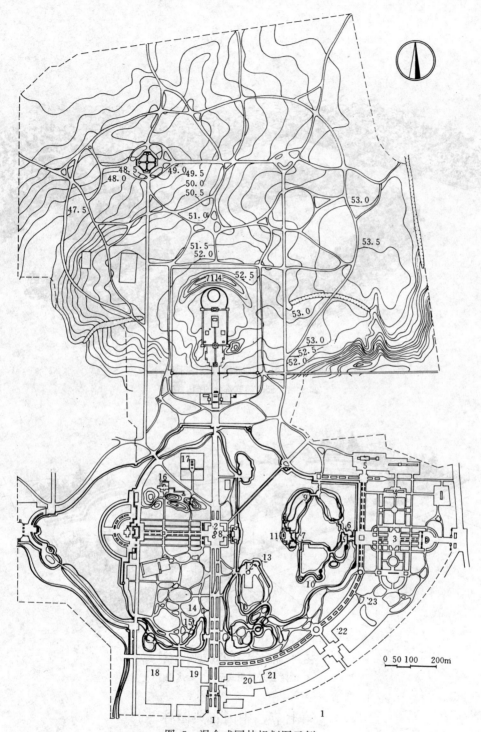

图 5 混合式园林规划图示例

1. 混合式示例——沈阳北陵公园平面规划图

1. 主要入口　2. 中心广场　3. 沉池　4. 观赏花圃　5. 大温室　6. 文娱厅　7. 环翠阁　8. 多景台

9. 翼然亭　10. 望荷亭　11. 水榭　12. 沁芳亭　13. 码头　14. 赏心亭　15. 知春亭　16. 松陵酒家

17. 友谊园　18. 儿童游戏场　19. 旱冰场　20. 公园管理处　21. 游泳场　22. 球场　23. 杂技场

引自《中国新园林》

2

图 5　混合式园林规划图示例

2. 北陵公园自然式部分的湖山意境

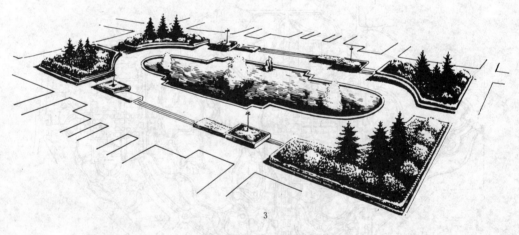

3

图 5　混合式园林规划图示例

3. 北陵公园规则式部分中心水池

第七节　中国古典园林

（一）**风格**　中国古典园林不仅有悠久的历史和璀璨的艺术成就，且因其具有独树一帜的风格，而极大地丰富了人类文化宝库。中国园林风格是以山水造景著称于世的，这种风格早在六朝时期就已形成，比西方 18 世纪兴起的英国风致园，大约早 1500 年左右。

在六朝时期，道教和佛教学说盛行，士大夫阶层普遍崇尚隐逸，向往自然，寄情于山水。东南一带秀丽的风景，相继开发出来，提高了人们对自然的鉴赏能力，造成崇尚自然的思想文化潮流。歌颂自然风景和田园风光的诗文涌现于文坛，山水画也开始萌芽，影响到哲学、文学、艺术和生活方式，也影响到中国园林的风格。

深居庙堂的官僚士大夫们，不满足于一时的游山玩水，他们希求长期享受大自然的山林野趣，不出市井，于闹处寻幽；不下堂筵，坐穷泉壑，于是利用宅旁隙地造园。由于受地段条件、经济力量和封建礼法的限制，规模不可能太大，唯其小，又要体现千山万壑的气势，又要有曲径通幽的野趣和诗情画意的四时景观，这个矛盾经过历代匠师的努力，把山水画的画理与造园实践相结合，进而出现了一系列造园手法，使园林也象绘画一样，"竖划三寸，当千仞之高，横墨数尺，体百里之远"（南朝宗炳《画山水序》）。挖湖堆山、植树种草，在咫尺之地，再现一个精炼、概括的自然，典型化的自然，亦即是缩景园。这种能于小中见大的精致的造园艺术，也影响及于皇家园林。中国园林遂沿着这条道路在更高的水平上向前发展，到明清时期而臻于十分成熟的境地。人所共知的苏州园林和北京的颐和园，就是那时期的私家园林和皇家园林的代表作品。它们集中地展示了中国园林的两种主要形式，即人工写意山水园和自然山水园，在造园艺术和技术方面的造诣和成就。

（二）特点

1. 力求神似　我国古典园林的自然风景是以山水为基础，以植被作装点的，山、水和植被乃是构成自然风景的基本要素。但中国古典园林绝非简单地利用或模仿这些构景要素的原始状态，而是有意识地加以改造、调整、加工和剪裁，从而出现了一个精炼、概括的自然，典型化的自然。象圆明园那样大型的自然山水园林，才能够把具有典型性格的江南山水景观再现于北方。

宋朝画家郭熙说："千里之山不能尽奇，百里之水岂能皆秀，……一概画之，版图何异"？我国江苏省有遗存的古典园林中的假山造景，并不是附近任何名山大川的具体模仿，而是集中了天下名山胜景，加以高度概括与提炼，力求达到"一峰山太华千寻，一勺水江湖万里"的神似境界，就象京剧舞台上所表现的"三两步行遍天下，六七人雄会万师"，意在力求神似。

2. 诗情画意　诗情画意是中国古典园林的精髓，也是造园艺术所追求的最高境界。亦即说，园林艺术的精髓，在于所创造出来的意境，这正是中国古典园林艺术最本质的特征，为西方所不及。一峰山能看出太华千寻，一勺水能想象成江湖万里，这就是意境的效果。什么是意境？园林意境的确切定义，应是通过构思创作，表现出园林景观上的形象化、典型化的自然环境与它显露出来的思想意蕴。意境是一种审美的精神效果，它虽不象一山、一石、一花、一草那么实在，但它是客观存在的，它应是言外之意，弦外之音，它既不完全在于客观，也不完全在于主观，而存在于主客观之间，既是主观想象，也是客观反映，即艺术作为意识形态是主客观的统一，两者不可偏废。意境具有景尽意在的特点，即意味无穷，留有回味，令人遐想，使人流连。

中国园林名之为"文人园"，古园之筑出于文思和画意，古人诗文和山水画中的美妙境界，经常引为园林造景的题材。圆明园的武陵春色一景，即是摹拟陶渊明《桃花源记》的文意，而把一千多年前的世外桃源，形象地再现于人间。如果说，中国山水画是自然风景的升华，那么园林则是把升华了的自然山水风景，再现于人们的现实。园寓诗文图画，再配以园记题咏等，所以每当游人进入园中，便有诗情画意之感，如果游者素养很高，触景生情，必然能吟出几首好诗，画出几幅好画来的。

山水园林比起水墨丹青的描绘，当然要复杂得多，因为造园必须解决一系列的科学和技术问题。再加上造园材料、山石、水体和植物，都不能象砖瓦那样有固定的规格和形状，摆布这些材料十分困难，而且游人与景物之间的观赏距离和观赏角度也难于固定，园中景物很难做到每一个角度都能达到如画的要求，而优秀的园林确能予人以置身画境，产生画中游的感受。

诗文与绘画是互为表里的。园林景观能体现绘画意趣，同时也能涵咏诗的情调。景、情、意三者的交融，形成了我国古典园林特有的魅力，也是形成我国古典园林独特风格的又一个非常重要的原因。

3. 建筑美与自然美的融揉 早在秦汉时代，就已将物质生活与人们对自然的精神审美需要结合起来，在自然山水中，大规模地建造离宫别馆和楼台亭榭了。千百年来，在自然山水中不断建造苑囿、山庄、庙宇和祠观，人工建筑景观将山水点染得更富于中国民族特色和民族精神，具有锦上添花之妙。明人曾有"祠补旧青山"之句，这个"补"字十分恰当地说出中国建筑与自然山水的有机结合，人工景观与自然景观巧妙地融为一体。

中国园林建筑类型丰富，有殿、堂、厅、馆、轩、榭、亭、台、楼、阁、廊、桥等，以及它们的各种组合形式，不论其性质和功能如何，都能与山水、树木有机结合，谐调一致，互相映衬，互相渗透，互为借取。有的建筑能成为园林景观中的主题，成为构图中心，有的建筑对自然风景起画龙点睛的作用。建筑美与自然美的互相融揉，已达到了你中有我、我中有你的境地。

（三）传统构景艺术方式 传统的构景艺术有两种不同的构景方式：

1. 以人工造景为主，天然景观为辅 大多数私家园林，如苏州的网师园、留园、拙政园等，又如皇家园林中的某些小园，如颐和园中的谐趣园、无锡的寄畅园等。这些园林并不是直接欣赏自然，而是把自然风景高度概括和提炼，利用山石、水池、树木、花草等自然素材，构成象征性的景观，给人以美的享受。

2. 以天然景观为主，人工景观为辅 大多数的皇家园林如颐和园和避暑山庄以及一些寺庙园林如杭州灵隐寺，镇江金山寺，四川乐山大佛寺，浙江普陀山的观音寺等等。其中大多数寺庙园林，都建筑在风景奇丽的名山峻岭上，在这里能直接欣赏大自然的本来面目，其中建筑物只是风景的点缀。这种园林的特点，是以自然的山水作为风景主体，人工艺术的建筑庭园只是作为大自然山水的烘托和陪衬，二者相得益彰，天然美与艺术美融为一体（图6）。

在此两种构景方式中，人工对环境的艺术加工程度，起着不同的作用，前一种构景方式或是通过写意手法再现自然山水，或是以人工点缀美化建筑环境；后一种构景方式则在自然景观的基础上，通过"屏俗收佳"的手法，剪辑、调度和点缀山林环境，使景色更加集中，更加精炼，从而美化自然山水，创造出高于自然的优美环境。

在构景艺术中，人工对环境的加工程度，有很大的差异，有的在庭园中缀以拳石草树，构成园林小品，称为庭园，有的挖池堆山，配以亭台楼阁，成为优美的园林景色，称为园林；有的利用自然景物稍事建筑点缀，加以人工美化，形成山水中具有园林特色的胜景，称为风景区（点）。从庭园到风景点，景观范围由小到大，自然情趣由淡及浓，人工痕迹由多到少，景观格局由集中到扩散，它们的关系是从个体到群体，由群体扩大到环境。

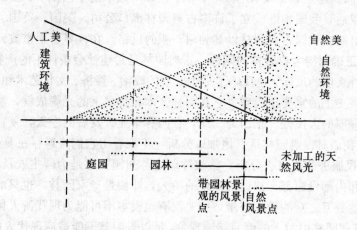

图 6　园林系统中自然因素分析图

注：摘自赵光伟，《中国寺庙园林环境》。

（四）中国传统园林艺术对世界的影响　早在公元 6 世纪，我国园林艺术通过朝鲜传入日本。日本园林承袭了秦汉典例，在池中筑岛，仿效中土的海上神山。600 年后，日本又从南宋接受了禅宗和啜茗风气，为后来室町时代（1396—1572 年）的茶道、茶庭打下精神基础。宋、明两代的山水画作品被日本摹绘，用作造庭庭稿，通过石组法，布置茶庭和枯山水。室町时代的相阿弥和江户时代（1603—1867 年）的小堀远州，把造庭艺术精炼到近乎象征和抽象的表现，进入青出于蓝的境地。崇祯七年（1634 年），《园冶》一书出版后流入日本，被称为《夺天工》，作为造园的经典著作，为造园者必读。明臣朱舜水亡命日本，他擅长造园，今东京后乐园中还存留着朱氏遗规如圆月桥、西湖和圆竹等被称为江户名园。日本庭园建筑物的命名、风景题名和园名等全用古汉语表达，足见受中国影响之深。

欧洲规则式园林，16 世纪起始于意大利，影响到法国和英国。随着海外贸易的发展，欧洲许多商人和传教士来到中国，把中国的文化包括造园艺术带到了欧洲，引起欧陆人士极大关注。由中国出口瓷器上的园景和糊墙纸上刻印的亭馆山池版画，都有助于西方对中国园林的了解。因而法国在 16 世纪就有仿中国的假山，17 世纪有人造风景园。1743 年，法国传教士王致诚（1722—1768 年）由北京致巴黎友人函，描述圆明园美妙景物，称之为"万园之园，惟此独冠"，并把圆明园和避暑山庄的风景绘制成册，带回巴黎，从而轰动了整个欧洲。仅巴黎一地就建有中国式亭、桥园林 20 多处。英国皇家建筑师威廉姆钱伯斯（1723—1796 年）于 1761 年在丘园建有一个高达 84.8 m 共十层的中国式塔，并于 1772 年著《东方园林评述》一书。德国柏林波茨坦无愁宫苑中有中国茶厅，其它地方有用龙宫、水阁和宝塔等建筑点缀园林。

18 世纪，英国风致园蓬勃发展时期，法国人把中、英两国的庭园作一比较，发现两者的本质是一致的，因而创造了"英华园庭"一词。

党的十一届三中全会以后，我国实行了改革开放政策。1980 年 1 月，在美国纽约中心曼哈顿大都会博物馆北翼二楼，建造了一所苏式庭园称为明轩，创我国园林出口为国争取外汇的先例。1983年4月28日，我国在慕尼黑首次以园林建筑实体参加了国际园艺展览会。仅20天时间就建造成一座有石舫、分庭、门廊等组成的中国园林，受到当地各界的高度评价。从此以后，我国相继成立了许多古典园林出口公司。美国、英国、加拿大、菲律宾等国家竞相订购。我国古典园林以其独树一帜的风格，在世界各地重放光彩。

（五）如何正确对待古典园林的问题 古典园林是封建社会条件下的产物，是当时社会物质文明和精神文明的反映，也反映了那个时期的政治、经济、文化艺术和科学技术水平，是我国园林发展史上的重要里程碑。它在园林艺术和技术上的光辉成就，常被我国人民引为自豪，具有深厚的人民性。正因为如此，在园林事业大发展的今天，复古和仿古之风大盛。但是如果我们对古典园林认真地加以分析，不难看出它们普遍存在着如下问题：

1. 用为人民服务的观点去分析，常被称颂的苏州园林原是为园主人及其眷属服务的。因其环境容量和内部设施都无法适应众多的游人，即使是皇家园林，也只能适应少数人游览，对日游量达数万之众的游人很难适应。没有也根本不可能为现代游人留下足够活动或回旋的余地。苏州园林中游人的摩肩接踵现象，足以表明其不能适应现代人的游览方式，只能作为一种历史文物，重点保护，供人们欣赏和研究，而不能用以替代公园的功能。

2. 从审美观点分析，不同时代人们有不同的审美观，由于科学技术的发展，时空的距离缩短了，人们早已不再象古代的贵族妇女那样，局限在建筑庭园内活动，通过一勺水和一峰山去想象真山真水的自然美，寻求咫尺山林的乐趣。纵使它所包含的意境很深，再加上游人的想象力极端丰富，但与那些真山真水的广阔空间和雄伟壮观的气派相比，显得何等渺小。如苏州狮子林的假山和扬州个园四季假山（照片3）中的夏山和秋山，只不过是用假山石块堆砌而成，供儿童游戏的迷园罢了。这两园的假山构思虽属巧妙，但从假山本身而言，既不存在形似，更不存在神似，实难使人产生弦外之音和画外之意。当然堆得好的假山又当别论，如南京瞻园，在刘敦桢教授指导下，堆掇的假山，确实具有艺术魅力，给人以美的享受。

现代人们利用节假日，乘飞机和车船等交通工具走出家门，前往名山大川、风景名胜区去游览，直接欣赏大自然的风光美景。当人们的物质享受得到满足之后，他们的趣味就发生了纵深变化，转向去追求大自然的山林野趣。沐浴着金色的阳光，呼吸着清新的空气，百草芬芳、万籁鸟鸣、流水潺潺、万紫千红，这对久居闹市的人们而言，无疑是一种至高的享受。

3. 从生态学观点分析，大部分古典园林在某种意义上是建筑空间的向外引伸。在建筑物之间有限的空间里，充斥着大量的园林建筑、山石和水体，植物在其中仅起着点缀作用，对整个城市环境效益，并无多大作用。

4. 从经济观点分析，建筑庭园的造价，远远高于植物造园所需。

第八节 现代园林发展的趋势及时代特征

（一）现代园林发展趋势 现代世界园林发展的趋势是与生态保护运动相结合的。强调引入自然，回到自然，即千方百计把大自然引入城市，引入室内，并号召和吸引人们投身到大自然的怀抱中去。这是由于西方世界物质文明高度发展的必然结果。然而，第三世界的广大劳动人民，还没有享受着高度的物质文明，他们向往物质文明，希望摆脱贫穷落后的农村而跻身于城市。所以遇具体情况尚须具体分析。

在保护自然方面，美国和前苏联作得较好，除了自然保护区，还有大量的国家公园与森林公园等。美国许多生态保护团体，如山林俱乐部和奥都邦协会等组织，与破坏生态的商业、企业进行过许多斗争，取得了较好的成效。

英、法等国幅员不大，生态保护的范围小，分布亦零散，组织不及美、前苏完善。德国和日本十分重视生态保护，自然保护区所占国土面积德国为10%，与美国相当，日本达20%，而我国目前仅为0.17%，值得深思。

1870年美国首创的国家公园，现已在全世界发展起来。公园建设有世界化的趋势。1972年召开的国际公园会议，建议联合国把南极建成世界公园，1975年又提出把新西兰作为国际公园。

充分利用空间建立屋顶花园，把地面失去的空间从空中得到补偿。同时也向地下发展，把地铁车站开辟为地下公园，为乘客供给新鲜空气与美的环境。

美国近来发展室内花园，在公共使用的天井大厅，或在住宅起居室窗沿布置绿化。前者为人群提供游赏和空气清新的环境，后者专供儿童、老人和残疾者欣赏。

巴西新画派造园家马克斯，从抽象绘画构图，发展为用植物组成自由式庭园。为观者提供从飞机上鸟瞰或在时速70公里的汽车上游赏，从高速中获得瞬间的连续景观印象，它自然与闲庭信步不同。这种超时速的造园艺术称为现代巴洛克（摘自童寯《造园史纲》）。

总之，凡用园林构成的环境，从天上到地下、室内到室外、市内到市外、城市到乡村，几乎无所不在。如果说把园林空间也称作是建筑空间，那么它们是所有建筑空间中最大的空间，是不定空间，也是流动空间。园林工作者在这样大的空间、无限广阔天地可以任意施展才能，大有作为。

（二）现代园林的特征

1. 把过去孤立的、内向的园转变为开敞的、外向的整个城市环境。从城市中的花园转变为花园城市，就是现代园林的特点之一。

2. 园林中建筑密度减少了，以植物为主组织的景观取代了以建筑为主的景观。

3. 丘陵起伏的地形和建立草坪，代替大面积的挖湖堆山，减少土方工程和增加环境容量。

4. 新材料、新技术、新的园林机械，在园林中应用越来越广泛。

5. 增加生产内容、养鱼、种藕以及栽种药用和芳香植物等。

6. 强调功能性、科学性与艺术性结合，用生态学的观点去进行植物配置。

7. 体现时代精神的雕塑，在园林中的应用日益增多。

总之，随着新形势、新内容、新生活方式的出现，将逐渐取代那些不健康的，封建意识浓厚的东西。

第九节　园林规划设计的指导思想

（一）要搞好园林规划设计，必须具备为人民服务的思想　应了解群众的爱好和需要，为他们创造洁净可爱的环境，引导群众去欣赏那些美丽动人的景观和进行高尚、健康的文化娱乐活动，把提高广大群众的文化艺术素养视为己任。

（二）必须贯彻实用、经济和美观相结合的规划设计原则　爱美是人的天性，但在人们的生活中，衣食住行尚无保障之前，根本谈不上美。美只有在人们丰衣足食，国家经济繁荣的基础上，才能充分显示出它的重要性。为了丰富精神生活，人们追求美，美观本身已成为一种功能而被提到日程上来了。美会给国家和人民带来巨大的物质财富和精神财富。劳动人民创造了各种各样的工艺美术品，不是为了创造它们的使用价值，而是创造艺术价值以供欣赏。艺术价值常常高过于实用价值，有的竟达到价值连城，成为无价之宝。当今的商品，大至飞机、汽车，小至衣扣、糖果的包装纸等，无一不考虑形式上的美。由于增加了美观，产品得以畅销，这种例子是不胜枚举的。花圃大量培育花卉不是为了它的实用价值，而是为了它的观赏价值，再由此而转化为经济价值，为国家创造财富，这是可数的一面。还有不可数的一面，即花卉能使人产生美感，使精神感到愉快，于是工作效率提高，产生为国家增产增收等一系列连锁反应所产生的价值是不可估量的。这足以说明，美在一定的社会经济条件下，会上升到第一位的。无可非议，美是园林的属性之一，由园林构成的环境，应是充满着美的环境。印度的一位农学家认为，一棵正常生长50年的树，其木材价值是300元，而其环境价值却是20万美元。由于价值观念的改变，园林的经济价值不再体现在门票的直接收益上，而更多地改善环境，增进人民身体健康，提高工作效率，增加经济收益的间接效益上。经济观点还体现在另一方面，即少花钱多办事、办好事。园林建设的好坏并不与花钱多少成正比，有时恰恰相反，钱花多了反把事情办糟了，这也不乏其例。在园林规划设计中，考虑经济的首要问题，是做到因地制宜，因情制宜和以植物造景为主。如果在园林建设中，大搞建筑庭园，必然会导致多花钱，而把事情办糟的后果。

综上所述，实用、经济和美观三者之间的关系，已愈来愈密切，以致难分先后和主从的地位。三者之间原是辩证的关系，是互相依存，不可分割的整体。

（三）继承与创新也是园林规划设计的重要指导思想　在园林事业发展的过程中，园林设计如何继承与创新一直是园林界中引人关注的问题。继承与创新如同生物的遗传与变异是生物界的普遍规律一样，是所有民族文化发展的普遍规律。而且也在遵循着适者生存、不适者消亡的自然选择法则，这是不以人们的意志为转移的。

我国有5000年的悠久历史，留给炎黄子孙的文化遗产极为丰富，具有深厚的人民性，常引以骄傲。文化传统象神圣的光环，笼罩着祖国的大地和生灵，继承和发扬传统几乎成为炎黄子孙神圣的职责。但任何民族传统都有精华与糟粕两个方面，如一概继承，因循守旧，就成为束缚人们思想解放的紧箍咒。园林作为一种文化，就不能不随时代的发展而发展。其实，传统是历史长河中的产物，它的价值并不在于它那激动人心的过去，而在于它对现代社会的实际意义。古典园林早已不能适应新时代的要求，只能作为一种历史文物，把它完好地保存下来，供人们研究鉴赏。研究指导园林实践的艺术理论，并发扬光大。我们要杜绝园林中复古主义倾向，以免贻笑于后人。这里需要指出的是，复古主义和仿古活动应当有所区别。复古主义是把现代园林按古典园林的模式建设，而仿古活动是满足国内外游人的猎奇心理所采取的一种商业性活动，是以营利为目的的。复古主义也应与恢复历史遗迹相区别，恢复历史遗迹的目的在于使后人缅怀古人的丰功伟绩，促使人们奋发向上，继往开来，寓教于游的一种活动。

继承和发扬传统是很重要的，但作为上层建筑的园林艺术，也须要遵循"百家争鸣"和"百花齐放"的方针。园林既有愉悦于人民的功能，在形式上便不能一花独放，应百花齐放。因为每个园林的大小、环境及物质条件都有所不同，这就提供了多种风格存在的可能性，不能强调了民族形式就排斥了其它形式。其实，只有百花齐放，在比较中"牡丹"才能显得更娇媚，这是普遍的真理。既要有总的倾向，也要有多种风格。也只有这样，我国的民族形式才能在竞争中得到改善和提高，在竞争中更放光彩；也只有这样，才能促进园林艺术理论的发展和形式上的丰富多彩。

周恩来在设计人民大会堂时曾指出"在建筑形式和风格上要古今中外，一切精华皆为我用"。由于时代不同，园林的目的及其所含的内容迥异，其所表现的形式也要变。如果不变，内容的表现就会受到束缚，犹如生产力和生产关系，生产关系的改变会促进生产力的发展，当生产力发展到一定程度，也会受到生产关系的束缚，因而对生产关系要作相应的调整以适应新生产力的发展。现代园林所包含的内容和它应发挥的功能，已今非昔比。如果我们再用旧的形式，必然会束缚园林功能的发挥。因此形式一定要变，变是绝对的、永恒的，不变是相对的、暂时的，民族形式必将随时代的发展而发展。

毛泽东《在延安文艺座谈会上的讲话》一文中指出："……所以我国决不能拒绝借鉴古人和外国人，那怕是封建阶级和资产阶级的东西"。又说"但是继承和借鉴决不可以变成替代自己的创造，这是决不能替代的。文学艺术中对于古人和外国人的毫无批判的硬搬和模仿，乃是最没出息的最害人的文学教条主义和艺术教条"。继承和借鉴的目的是为了创新，这才能使祖国的文化艺术日新月异。

我们要继承祖国园林艺术的传统不在于它的形式，更重要的是它的指导思想，即师法自然和虽由人作，宛自天开，表明中国园林中所追求的自然是人化的自然，即艺术化的自然。本于自然，而高于自然是我们要继承的最本质的思想。

（四）用生态学的观点去进行园林建设　20世纪20年代沃莱尼提出了"生态系统"的理论，指出这个系统是人们赖以生存的一切。人们开始重新估计人与自然之间的关系。戈脱钦柯认为这种关系可以分为四个阶段，即"对自然的恐惧到理性的适应，到对自然的掠夺和以生态学为依据，取得人与自然的协调"。从20世纪60年代以来，为保护人类赖以生存的环境，欧美一些发达国家的学者，将生态环境科学引入城市科学，从宏观上改变人类环境，体现人与自然的最大和谐。于是景观生态、环境美学的理论应运而生。国家公园的出现和城市生态系统工程的提出，即从生态学的观点出发，在人类生存的环境中保持良好的生态系统。园林绿化正是被看作改善城市生态系统的重要手段之一。所以说现代园林规划设计应以生态学的原理为依据，以达到融游赏于良好的生态环境之中为目的。

第十节　施工养护管理与规划设计的关系

园林绿地的规划就是布局，起战略性的作用，布局合理与否，影响全局，规划一经落实到地面，就难以改变。因而，在做规划时必须慎重，反复推敲。设计是一个战术问题，是作局部细则，个别地方设计得不好，虽已落实到地面，尚可推倒重来，不会影响全局，通过修改，使设计趋于完善。

施工是实践设计意图的开端，但是由于构成园林的各种素材，如地形、地貌、山石、植被等，它们不象建筑中的一砖一瓦那样规格一致，假山石和植物有大小之分，形态各异，无一类同，在设计中很难详尽表示，必须通过施工人员创造性地去完成。

养护管理是实践设计意图的完成。由于施工是在短时间内完成的，必然会出现许多不足之处，须要通过精心地养护管理，绿地的艺术效果才能逐渐充实和完善。再者植物是有生命的，它随岁月之增长而消长，也只有通过养护管理，才能使它根深叶茂，延年益寿。一个好的园林是需要几年、十几年甚至几十年的时间，才能使园林艺术达到尽善尽美的境地。由此可知，施工可以补充设计中的不足，管理也可以充实施工中的疏漏，亦即施工与养护管理，是规划设计的继续，非如此，不足以提高园林艺术水平。

上篇 园林造景艺术和技巧

第一章 造景基础

第一节 地形改造的作用及其类型

一、地形改造的作用

园林地形是人化风景的艺术概括。不同的地形、地貌反映出不同的景观特征，它影响园林布局和园林风格。有了良好的地形地貌，才有可能产生良好的景观效果。因而，地形地貌就成了园林造景的基础。

自然风景类型甚多，有山岳、丘陵、草原、沙漠、江、河、湖、海等等景观，不一而足。但凡称得上自然风景的地形地貌必定是美的。在这样的地段上，只须稍加人工点缀和润色，便能成为风景名胜。这就是"相地合宜，构园得体"和"自成天然之趣，不烦人工之事"的道理。由此可见，选择园址的重要性。有了良好的自然条件可以因借，便能取得事半功倍的效果。但在自然条件贫乏的城市用地上造园，则须根据园林性质和规划要求，因地制宜、因情制宜地塑造地形，才能创造出风格新颖、多姿多彩的景观。

塑造地形是一种高度的艺术创作，它虽师法自然，但不是简单地摹仿，而是要求比自然风景更精炼、更概括、更典型、更集中，方能达到神形具备，传神入势。只有掌握了自然山水美的客观规律，才能循自然之理，得自然之趣。如"山有气脉，水有源流，路有出入……"和"主峰最宜高耸，客山须是奔趋"（唐·王维《山水诀》）；"山要回抱，水要萦回"（五代·荆浩《山水赋》）；"水随山转，山因水而活"和"溪水因山成曲折，山蹊随地作低平"（陈从周《园林丛谈》）。这些都是作者从真山真水中得到的启示，对自然山水美规律的概括。

二、地形改造的类型

东西方的园林有着各自的传统风格，因而在地形改造上，就存在着不同的类型，即不同美学观点和不同国家自然景观在园林中的反映。

意大利的园林工作者常选择泉源充沛，林木茂盛和风景优美的山地造园。把山地修筑成阶梯状台地，从山上到山下设一条总轴线，把主题建筑安置在山坡的上方，总轴线的端点上。游赏者居高临下，可鸟瞰全园景色。把泉水自山上引至山下，构成水流瀑布、践水踏步等水景。结合雕塑，把景物对称布置在总轴线的两侧，创造出布局严谨的规则式风格。由这种地形形成的景观，层次分明，景色庄丽。

法国多平地，法国造园家将意大利造园手法结合本国地形特点，创造出别具一格的几何形规则式园林。在起伏不平的规划地段都需整平。这种地形虽然平淡无奇，但由它形成的园林景观，如凡尔赛宫苑，却异常整洁而华丽。

英国园林内多丘陵地，即使在平坦的地形上，造园家也要把它改造成起伏地形，在高处植树造林以加强地形变化，在坡地或平缓地上种草，形成大面积草地，小溪在茂盛的水草中流淌。这种地形地貌所形成的景观，十分恬静，亲切宜人。

中国造园家们习惯于创造对比强烈的山水地貌，如许多画论中提到的"既追险绝，复归平正"和"境无险夷，列为大忌"。所以在传统园林中的假山，多奇峰怪石和悬崖峭壁。"平地突起山岭，水面露出洲、岛"，这就是中国园林中的基本地貌。

上述四种基本地貌各具特色，其中山水地貌对形成自然景观最为有利。但在平地上堆叠假山，做假成真确非易事。若把平地改造成丘陵，即使只有尺许高低，也能使景观生辉不少（照片1-1）。把四种基本地貌，因地制宜地结合起来，则将有利于创造形式更为完善，内容更为丰富，风格更为新颖的园林。

第二节　堆　　山

堆山是中国园林的特点之一，是民族形式和民族风格形成的重要因素。中国造园艺术的历史发展进程，可以用人工造山的发展过程为代表。汉代的宫苑，水池中用土堆成三座山，即方丈、瀛洲和蓬莱，象征海上神山为特征；后汉梁翼园的"采土筑山，十里九坂，以象二崤"已不是象征性的神山，而是绵延数十里的山、岗式的山，是对山的摹移；六朝时，则以帝王苑囿中的土石兼用而体量巨大的摹移山水为特征；唐代城市宅园兴起，惟该时尚无明确的造山实践活动，但已将具有形象特殊的怪石罗列于庭前，作为独立的观赏对象。自宋代开始，土石趋于结合。在私家园林中，某种特定的山的形象塑造不明显，而在帝王苑囿中，如"艮岳"的万寿山已土石兼用，成为摹移山水向写意山水过渡的标志，为明清的写意山水奠定了基础。明清之际，写意山水在艺术上已达到高度的成就，作为造山艺术表现手段之"石"的作用得到了充分发挥。或土石结合，"以少胜多"，寓无限的山于有限的山麓之中，"未山先麓"即用大山之一角，来代表整个的山，较之堆叠全山的效果好，形象真，更有真山的意趣；或人工水石令人有涉身岩壑之感；或用石构，一二块灵石，孤峙独秀，在大小的庭院里，给人以"一峰山太华千寻"的意趣。

一、假山分类

真山形态多样，大体上可归纳为土山、石山和土石相兼的山等三类。它代表着各地区不同的风格，包括着千奇百怪的景物。清初李渔所著的《闲情偶寄》里，有一章谈到山石，其见解极为精辟，现摘录于下：

"大山用土，小山用石"，"以土代石，能减人工，又省人力，且有天然委曲之妙，混假山于真山之中，使人不能辨者，其法莫妙于此"，"掇高广之山全用碎石，则如百纳僧衣，求一无缝不可得，此其所以不耐观也。以土间之，则可混然无迹，且便于种树，树根盘固，与石比坚，树木叶繁，混然一色，不辨其谁石谁土"。"……此法不论石多石少，亦不必求土石相半，土多则土山带石，石多则石山带土，土石二物原不相离，石山离土则草木不生，是童山矣"。"……土之不胜者，以石可以壁立，而土则易崩，必扶石为藩篱故也。外石内土，此从来不移之法也"。

本来假山是从土山开始，逐步发展到叠石为山的。园林中的假山则是模仿真山，创造风景。而真山之所以值得模仿，正是由于它具有林泉丘壑之美，能愉悦身心。如果假山全部用石叠成，不生草木，即使堆得嵯峨屈曲，终觉有骨无肉，干枯无味，有何情趣！况且叠山有一定的局限性，不可能过高过大。占地面积愈大，石山愈不相宜，所以大山用土的原则在今天尤其值得重视。小山用石，可充分发挥堆叠的技巧，使它变化多端，耐人寻味。而且在小范围内，也不宜聚土为山，庭园中点缀小景，更宜用石。当然这两个原则都不是绝对的，所以李渔谈到大山用土时，也提到用石，在提到小山用石时，也提到用土，不过一是以土为主，一是以石为主，总的精神是土石不能相离，主要便于绿化。同时他又指出土石的关系，说土山的缺点是容易崩坏，用石围在外面，以防止水土流失，这些见解对今天的造园堆山仍有指导意义。

此外，又有"土包石，石包土"的说法。所谓"石包土"就是"外石内土"，这是历来造园叠山普遍的做法，在我国古典园林中到处可见。所谓"土包石"则是将石埋在土中，露出峰头，仿佛天然土山中露出石骨一样。此法流行于日本庭园，在我国古典园林中不多见。在现代园林中并不少见，石块主要埋置在山坡、草地边缘和道路拐弯处。在大园林中，创造起伏的丘陵地可用此法，如同山之余脉，很有象征意义（参见清华大学建筑工程系《建筑史论文集》1979 年第三辑）。

二、假山艺术

假山的优劣，除了堆叠的技巧外，艺术要求是重要的环节。造园家李渔认为："盈亩累丈的山，如果堆得跟真山无异，是十分少见的"。他还说："幽斋磊石，原非得意。不能致身岩下与木石居，故以一拳代山，一勺代水，所谓无聊之极思也"。计成在《园冶》一书中也提到"园中掇山，非士大夫好事者不为也"。这两位古代造园家，对园中造山，均持有异议。假山在我国古代和现代园林中，虽然应用极为广泛，但是堆叠得好的为数不多。主要问题不在技术上，而在艺术上，前者比后者容易掌握。

计成在《园冶》一书中言之"夫理假山，必欲求好，要人说好，片山块石，似有野致"。他又说："有真为假，做假成真，稍动天机，全叨人力"。要在有限的空间内，创造山水之胜，只能是神似的艺术再现。中国造园艺术与山水画关系密切，中国园林表现"多方胜景，咫尺山林"（《园冶》)，而山水画表现"咫尺之内，而瞻万里之遥，方寸之中，乃辨千寻之峻"（《续画品并序》)，两者的空间形式虽然不同，表现各异，但源渊相通，具有异曲同工之妙，即"师法自然"和追求"神似境界"。山水画的画理，也常用来指导掇山理水。山水画家不同风格的作品，亦往往影响园林造园意匠。造园家计成，将千百年来山水画家对自然山水长期观察所概括和提炼出来的创作原理，以及某些具体技巧和手法，创造性地运用于造园艺术之中，写成一本具有民族特色和世界上最早的一部名著《园冶》。其中对山水的分类，峰、峦、岩、洞、涧、曲水、瀑等及山的掇叠技巧和艺术要求均有论述，以资参考。假山造型艺术要求：

（一）**要有宾主**　清代画家笪重光《画筌》说："众山拱状，主山始尊，群山盘互，祖山乃厚"，意在突出群山中的主山和主峰。在群山和群峰之间，都要高低错落，疏密有度。

峰与峰之间要互相呼应、掩映和烘托，使宾主相得益彰。

（二）**要有层次** "山不在高，贵有层次"说明了层次的重要性。层次有三，一是前低后高的上下层次，山头作之字形，用来表示高远；二是两山对峙中的峡谷，犬牙交错，用来表示深远；三是平岗小阜，错落蜿蜒，用来表示平远（图 1-1）。

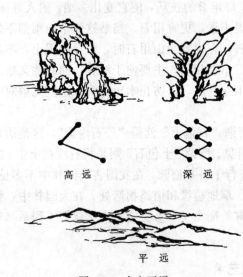

高远 深远

平远

图 1-1 山之三远
引自（高校统编教材《城市园林绿地规划》）

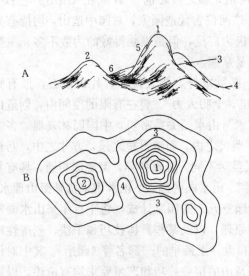

图 1-2 山形分析
A：1.主山山头 2.次山山头 3.山腰
4.山麓 5.山肩 6.山谷
B：1.山头 2.次山头 3.山阴 4.山凹

（三）**要有起伏** 山势既有高低，山形就有起伏。一座山从山麓至山顶，绝不是直线上升的，而是波浪起伏，由低而高和由高而低，有山麓、山腰、山肩、山头、山坳、山脚、山阳以及山阴之分（图 1-2），这是一山本身的小起伏。山与山之间有宾有主，有支有脉是全局的大起伏。

（四）**要有来龙去脉** 山有来龙去脉，便有一气呵成之势，方能显示出山的神韵气势。虽然自然界中拔地而起的孤峰很多，但它的成因必与其周围众多的峰峦相一致。如果在城市园林中，只有一座孤峰，就不符合地貌形成的客观规律。除非用作园林入口的对景、障景，如上海龙华公园中的红岩与外滩公园入口处的池山和广州动物园的狮虎山等，具有特定的功能和目的，同地形的形成并无绝对联系。

（五）**要有曲折回抱** 由于假山曲折回抱，形成开合收放、大小不同、景观迥异的空间境域，产生较好的小气候。尤其在具有水体的条件下，溪涧迂回其间，飞流直下，能取得山水之胜和世外桃源的艺术效果。

（六）**要有疏密、虚实** 布置假山要疏密相间和虚实相生。疏密与虚实两词有相同而又有区别。密是集中，疏是分散，实是有，虚是无，当景物布置密到不透时，便是实，疏到无时便成虚。在园林中不论群山还是孤峰都应有疏密虚实的布置，做到疏而不见空旷，密而不见拥斥，增不得也减不得，如同天成地就。山之虚实是指在群山环抱中必有盆地，山为实，盆地为虚；重山之间必有距离，则重山为实，距离为虚；山水结合的园林，则山为实，水为虚。庭园中的靠壁山，则有山之壁为实，无山之壁为虚。

综上所述，若所掇之山能做到上述六点，就能达到宋·郭熙在《林泉高致》中所述的"山近看如此，远数里看又如此，远数十里又如此，每远每异，所谓山形步步移也。山正面如此，侧面又如此，背面又如此，每看每异，所谓山形面面看也。如此是一山兼数百山之形状，可得而不悉呼"！山形四面可观，变化多致，这就达到了"横看成岭侧成峰，远近高低各不同"的艺术境界。

堆山时，石材不可杂，纹不可乱，块不可匀，缝不可多，要具有地方特色，最好就地取材；造型忌矫揉造作，忌繁琐，忌如香炉蜡烛，忌如笔架花瓶，忌如刀山剑树，忌如铜墙铁壁，忌如鼠穴蚁蛭，力求自然朴素，手法简炼，这些也都是艺术所要求的。

三、假山在园林中的布局

假山在园林中的布局，大致可分为下列七种类型，怎样选择，当以规划要求为依据。

第一种类型 把假山作主题建筑的对景处理，这在我国传统园林中最为常见的一种布局形式。"不下堂筵，坐穷泉壑"，以此来满足园主人赏景的要求。作为主题建筑的对景，在考虑假山的体量时，要把山上所需的花木的大小、高矮考虑进去，使假山的整个体量与空间相适应。假山不宜过大，否则会使人感到拥斥。因而假山与建筑之间要有一定的视距。在这视距范围内，可布置水池或草坪，形成垂平与虚实的两重对比，使山体显得高耸与灵秀。但须注意，山的主峰忌正对建筑大厅，应稍偏离，使对景具有画面布局的意趣。

第二种类型 即把假山布置在园地的周围。在山上种植花草树木，用以阻隔来自闹市的噪音和尘埃，保持园内的相对安静。当游人看到周围的山林，疑为园外有园，山外有山，景外有景，真不知庭院深深深几许了。

第三种类型 把假山布置在园的一角，并建以平岗坡坂，把地形的起伏之势，逐渐消失到平洼地。

第四种类型 假山在园内成"之"字形布置，把园分隔成既相互封闭，又相互流通的大小空间，保持空间的相对独立性、空间特色和空间景观深度，创造出林泉丘壑之美。

第五种类型 在山水结合的构图中，如果以山体为主，水为辅，则山体宜临水面，造成峭壁悬崖，悬葛垂萝与水中倒影，虚实相辅，景色更加深沉。计成在《园冶》中指出："池上理山，园中第一胜也。若大若小，更有妙境。就水点其步石，山巅加以飞梁，洞穴潜藏，穿岩经水，峰峦飘渺，漏月招云；莫言世上无仙，斯住世之瀛壶也"。南京瞻园的水旱假山便是一例（照片1-2）。如以水为主体，则在山水结合中，居于辅助地位的山，应离水岸有一定距离。山水之间，用平岗缓坡相连系，亦即在山水之间，需要有个过渡地带，如真山杭州孤山至于里西湖是也。

第六种类型 把假山布置在主要出入口的正面，筑成丘陵坡坂，向两侧延伸，在其上种植树木，呈现林木森森、郁郁葱葱的景象，使园景莫测高深。

第七种类型 如《园冶》所讲的峭壁山，"峭壁山者，靠壁理也。借以粉壁为纸，以石为绘也。理者相石皴纹，仿古人笔意，植黄山松柏、古梅、美竹，收之园窗，宛然镜游也"。这种以粉墙为背景，嵌石于墙内，饰以树木花草的做法，在江南古典园林中屡见不鲜。即把具有三度空间的山石作二度空间反映，可产生更浓的画意。

总之，假山在园林中的布局，虽然分为七种类型，但实际上并无一定格局。在布局假山时，要根据园林用地之大小，地形地貌和规划要求进行构思，可完全不受上述七种类型的限制，而且也可以把上述各种类型综合应用，这样才能出奇制胜，创造出更为丰富多采的地形地貌。

第三节 置 石

在园林中置石旨在增加野趣，同时起到水土保持作用。我国人民对岩石有着特殊的爱好。早在春秋时期，我们的祖先就已把岩石置在几案上或列置在园墅中供玩赏。以他们特有的慧眼和丰富的想象，用艺术夸张的手法，使岩石形象化，做到"片山多致，寸石生情"。

中国人欣赏的"石"，非一般之石，不但要怪，还要丑。如郑板桥所说："朱元璋论石，曰瘦、曰皱、曰漏、曰透，可谓尽石之妙矣！东坡又曰：石文而丑，一丑字石千态万状皆从此出。朱元璋但知好之为好，而不知陋劣之中有至好也。东坡胸次，其造化之炉冶乎。燮（郑板桥）赏画此石，丑石也，丑而雄，丑而秀"（《板桥集》）。

刘熙在《艺概》中说："怪石以丑为美，丑到极处，便是美到极处，丑字中丘壑未尽言"。所谓石之丑，非内容之恶，而是突破形式美的规律，真实、朴素、自然，真所谓丑中见雅，丑中见秀，丑中见雄，脱俗方见不凡，这就是大丑中见大美的辩证关系。

白居易《太湖石记》中提到丑石，"如虬如凤，若跧若动，将翔将踊，如鬼如兽，若行若骤，将攫将斗；……"。指石虽是一种静物，却具有一种动势，在动态中呈现出活力，生气勃勃，能勃发出一种审美的精神效果。中国人欣赏岩石，比西方人欣赏抽象雕塑具有更丰富的内涵，不在岩石的形似而在神似，欣赏它们千姿百态的意趣美。

石在园林，特别在庭园中是重要的造景素材。有："园可无山，不可无石"，"石配树而华，树配石而坚"，可见园林中对石的运用是很讲究的。岩石作为造园的素材，我国要比西方早1500年。英国到1770年，在惠特里所著的《近世造园论》中，才首次肯定岩石在园林中的艺术地位。

置石的方式可分为特置、对置、群置和散置等四种类型，现分述如下：

一、特 置

园林中特置的山石，亦称为孤赏石，是以自然界为蓝本的。如黄山的仙桃峰和猴子观海、四川三峡的神女峰等，都是以矗立在山顶上的一块巨大岩石的形态命名的。由于这些岩石形状奇特，位置险要而引人注目，成为不可多得的风景。北魏郦道元对承德避暑山庄东面之磬锤峰描写道："挺在层峦之上，孤石云峰，临崖危峻，可高百余仞"，绍兴的"云骨"（照片1-3）拔地而起，这些就是自然风景中的特置，特置也可称为孤置。大凡可作为特置的石都为峰石，因而对峰石的形态和质量要求很高。

白居易在《长庆集》中写过："石有聚族，太湖为甲，罗浮、天笠次焉"。由此太湖石名噪一时，视为珍品。太湖石产在水里，性坚而润，有嵌空如穿眼，宛转和险怪之势；其纹理纵横，笼络起隐，石面遍多拗坎，此乃风浪冲击而成，名叫弹子窝，叩之有微声，多峰峦岩壑之致，大者高数丈，可以装饰假山。太湖石之所以为人所欣赏、珍爱，就在于

"三山五岳，百洞千壑，觊缕簇缩，尽在其中"。正因为"百仞一拳，千里一瞬，坐而得之"，从这些怪石之中，能使人有峰峦岩壑的精神感受，而不止于它们拟人、拟兽，似虬似凤的形状，因此才为人好。这也从美学思想上，揭示古人对石的审美评价和审美趣味。把这些奇丑之石列置于庭前，作为独立的观赏对象，欣赏石本身所具有的自然美。当然将众多的怪石列置在一起，尚有一个布局和艺术加工的问题，才能坐而得之。由此，以朱元璋对太湖石瘦、透、漏、皱的评价作为品评峰石的标准。其实石的种类很多，性质各异，观赏特点不一，一概用这个标准衡量，并不妥当，更何况作为特置用的岩石也不都是峰石。凡作为特置用的岩石体量宜大，轮廓清晰，或清奇古怪、或圆浑厚重、或倒立或斜倚横卧均可。如杭州园文局花圃的皱云峰，因有很深的皱纹而得名；上海豫园隋唐的玉玲珑以百孔千穴、玲珑剔透而驰名；苏州留园的瑞云峰，相传为明代之物，以其体量特大，姿态不凡且遍布涡洞而著称；留园的冠云峰（照片1-4）集透、漏、瘦、皱于一石，清秀挺拔，高矗入云，相传是"花石纲"遗物，是苏州名峰之一；北京颐和园的青芝岫以雄浑的质感，横卧的体态和遍布青色小孔而纳入皇宫后院。广州海珠花园的鲲鹏展翅以及经历千年的九曜园中的九曜石都是特置中的珍品。一般在自然式园林中，总能找到几块出色的峰石，如无锡梅园的"无名峰"和杭州刘庄的"蝉叶"作为庭园中的主景。

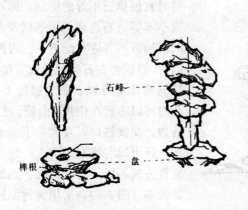

图 1-3 石峰之安装

特置岩石犹如书法中的单字书法和电影中的特写镜头。因而作为特置的岩石要有较完整的形象，是单块岩石，也可用两三块或三四块拼合而成，但务须做到天衣无缝，不露一点人工痕迹，凡有缺陷的地方，可用攀援植物以掩之。

特置岩石要配特置的基座，方能作为庭院中的摆设。这种基座，可以是规则式的石座，也可以是自然式的。凡用自然岩石做成的座称为"盘"（图1-3）。作为峰石宜上大下小，立之可观或由两三块拼掇，亦宜上大下小，似有飞舞势。岩石特置在景中作主景用，常作为园林入口的对景、障景、庭园和小院的主景，道路、河流、曲廊拐弯处的对景，作厅堂无心画的画景。特制山石还可以和石壁山、花台、岛屿以及岩石驳岸等结合起来，组成各种石景。

二、对　置

所谓对置并非对称布置，而是把岩石在门庭、路口、道路两侧以及桥头等处作对应布置。作为对置的岩石在数量、体量以及形态上均无须对等，可挺可卧，可坐可偃，可仰可俯，只求在构图上的均衡和在形态上的呼应，这样既给人以稳定感，亦有情的感染（图1-4）。

三、群置（聚点）

应用多数山石互相搭配点置，称为群置或聚点。由于假山石的体型大小不同，互相交错搭配，可以配出丰富多样的石景，点缀园林。

图 1-4　苏州拙政园洞门两侧假山花池的对置示意

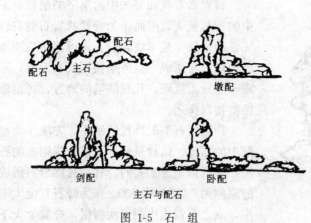

图 1-5　石　组
《城市园林绿地规划》插图

配石要有主有从，主从分明。配搭时宜根据三不等的原则，即石之大小不等、石之高低不等以及石的间距远近不等进行配置。石组配成以后，然后再在石旁配置观赏植物，配置得体者可以入画（照片1-5）。石组可以布置在山顶、山麓、池畔、路边、交叉路口以及大树下、水草旁，还可以与峰石组合在一起。按配置方式不同，可分墩配、剑配和卧配等（图1-5），采用何种配置方式，视环境而定，但务须注意主从分明、层次清晰。

四、散　置

师法自然，以山野间自然散置的岩石为蓝本。凡受内外力作用而由高山崩落下来的岩石，有的被抛出很远，重重地降落在原野上，如根生土长般地卧伏或矗立在地面上；有的从山顶上滚落下来，被搁置在凹凸不平的山坡上，大石挡小石，小石垫大石，相聚成堆，也有分散在各处，有单块、三四块、多至五六块至数十块成堆的，大小远近、高低错落，星罗棋布，粗看颇为零乱，细看则颇具规律。明代画家龚贤所著《画诀》言及："石必一丛数块，大石间小石，然须联络。面宜一向，即不一向亦宜大小顾盼。石小宜平，或在水中，或从土出，要有着落"。又说："石有面、有足、有腹。亦如人之俯、仰、坐卧，岂能独树则然乎"。《芥子园画传》中提到"画石大间小小间大之法，树有穿插，石亦有穿插，树之穿插在枝柯，石之穿插是也，近水则稚子千拳而抱母，环山则老臂独出而领孙，是有血脉存

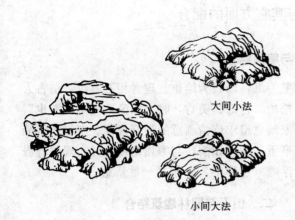

大间小法

小间大法

图 1-6 石组——小石间大石和大石间小石法
引自《芥子园画传》

图 1-7 散置在土坡及水岸边上的岩石
引自《芥子园画传》

焉"（图1-6）。画家把石头人格化了，这样才能使片山多致，寸石生情。这些理论足可指导置石实践。

所谓散置，实际上包括了孤置和群置。对散置的艺术要求是"似多野致"。

置石多间土坡，可种植植物和坐卧水边林下（图1-7）。

山上的土壤受雨水冲刷，遇到岩石受阻，积聚于上方，形成很厚的表土层，在此处容易着生植物，且生长茂盛。在山石比较集中的地方，便形成了天然的岩石园。英国的园林工作者，着重于植物的生态，由此而产生英国式的岩石园。中国人着重于岩石，选择那些"片山多致，寸石生情"的岩石点缀园林，配置植物，构成石景小品和假山园。由山洪冲刷下来的岩石，常顺着山涧小溪滚落下来，三五成堆，形成新的组合，散落在涧底和溪涧的两岸。天长日久在石间隙地长出花草树木，结合流水形成的自然景观十分动人。因此，人工造园在溪涧布石时，就产生了迎流石、抱角石、劈水石、护岸石以及基底石之分（图1-8），由此造成水流的千姿百态。

中国造园家们在研究山石之间大小组合，远近距离，疏密虚实，高低起伏，断断续续，若断若续以及既围又放的相互分离又相互联系的关系中，别具匠心，设计出具有中国特色的假山花池和树池、湖石驳岸以及它们的综合形式等石景（照片1-6）。

置石时要注意石身之形状和纹理，宜立则立，宜卧则卧，纹理和背向均需一致，不要悖其道而行之。置石不宜过多，也不宜太少。过多会使庭园失去生机，过少又会失去野趣，要恰到好处。

总之，置石有法无式，要善于观察自然现象，根据景观要求和石材情况进行安排，力求自然，富于野趣。

第四节　山石与其它方面的配合

一、山石与墙面结合

传统上有两种做法，如明·计成"借粉壁为纸，以石为绘也。理者相石皴纹，仿古人笔意，植黄山松柏、古梅、美竹，收之园窗，宛然镜游也"。这是中国造园家刻意追求诗情画意的最好佐证。李笠翁筑墙如峭壁，蔽以亭屋，仰观如削，与穷崖绝壑无异。现代有嵌石于墙内如同浮雕（照片1-7），别具一番新意。

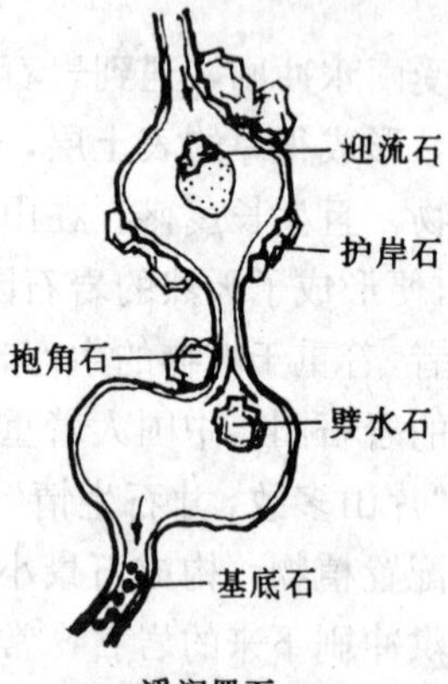

二、山石与园林建筑结合

用假山石做成建筑的基座、抱角和镶隅，如同建筑座落在天然的山崖上。山石还可以做桥墩、护栏、台阶以及装饰桥头两侧的岸坡等。

迎流石

护岸石

抱角石

劈水石

基底石

溪涧置石

图 1-8　溪涧置石

三、山石与室外楼梯结合

用假山石做成楼和阁的室外楼梯，人们可自室外经蹬道上楼，仿佛楼阁是依山而筑的。这种由假山石砌成的楼梯称为"云梯"。《园冶》掇山篇中提到"阁皆内敞也，宜于山侧，坦而可上，以便登眺，何必梯之"。这种由室外的假山进入室内的敞厅的设施，不仅使建筑与岩石结合得更为自然紧密，而且通过假山蹬道，沟通室内外，从而使建筑与自然环境融为一体。

四、山石蹬道

利用自然岩石堆叠成各种形式的蹬道随地势高低屈曲与假山混然一体。

五、山石器设

选择顶面较平整的山石作石墩、石桌及石床等，布置在树荫下或草地边缘，不仅与园林环境协调，且经久耐用（照片1-8）。

六、山石与植物结合

假山石与植物结合，筑成花池和树池，种植花草树木，再配以峰石，构成庭园小景，收之园窗，可作无心画或尺幅窗；也可作墙垣和建筑的基础栽植，缓和建筑线条，成为建筑与庭园的过渡。独立的牡丹花池，大多设在厅堂的前庭，作为庭院的主景。还有假山石常用以点缀花草树木（照片1-9）。

七、其　它

假山石可以用于固岸和作挡土墙，叠石构洞，立壁引泉作瀑，伏池喷水成景等。还可利用假山石的平面刻字提词作为点景或用作某个景区的标志，如花港观鱼、黄龙洞和阮公墩等都是在峰石上刻字作为景区标志的，还可作为建筑入口的装饰（照片1-10）。

第五节 理 水

自然界的水千姿百态，其风韵、气势及音响均能给人以美的享受，引起游赏者无穷的遐思，也是人们据以艺术创作的源泉。因此，水与山石一样成为园林风景中非常重要的因素之一。不论是皇家苑囿的沧海湖泊，还是民间园林、庭院的一池一泓，都具有独特的风格和浓郁的自然风貌，它们都饱含着诗情画意，体现了我国的理水手法，展现出东方文化的特色。总结我国理水技法，学习国外理水经验，将其运用到现代园林的设计创作之中，是很有意义的。

在园林中，水体除了造景外，还可利用于各种水上活动，如钓鱼、划船、游泳、滑冰等，同时又能调节气温，增加空气湿度，排洪蓄水，还能养鱼种藕，既增加游赏内容，又能增加经济效益。

陆地表面的水体，依据其形体大小和性质不同，有江、河、湖泊、海、溪流、山涧、瀑、潭、水库、池塘、以及泉等等。在作城市绿地系统规划时，要把这些形体不同、性质各异的自然水体结合进去，以丰富城市自然景观和园林游赏内容。

水能制造各种气氛，给人以不同感受。如静水给人以平静和亲切感，动水能造成活泼与欢快的气氛。奔腾浩瀚的江海，能使人心胸开阔，精神焕发；形体广大的水能接受风、云、雨、雾的影响，有舟帆、鸟鸥等景色变化，使人心旷神怡；形体狭长的水体则能显示出水流的奔驰状态和发出激石的声音，增加生动活跃的感觉，至于涓涓细流和叮咚山泉则能增加环境的幽静气氛。

贵阳花溪公园、大连星海公园、哈尔滨斯大林公园、无锡鼋头渚都是滨临天然江、河、湖、海而建造的。杭州西湖和九溪十八涧，重庆的南、北温泉，贵州黄果树瀑布，浙江雁荡山的大小龙湫以及四川九寨沟等等，都因天然水体之美而闻名遐迩。水体在西亚各国被喻为园林的灵魂。水是园林中最有吸引力的景物，小水体可喻为少女的眼睛，清澈、明净而又不可捉摸；大水体可喻为母亲的胸怀，宽广博大，草木华滋。水体之有无和质量，直接影响风景评价。自古以来，中国皇家园林、第宅园林和寺庙园林，无不千方百计修池挖湖，引水入园，影响及于现今。凡有自然水体可资利用者，无不利用之，无自然水体可利用的，也要挖池蓄水或制作喷泉或用人工瀑布等，来丰富园林景色，以增加活跃气氛。如上海中山公园、虹口公园和长风公园都挖有人工水体。上海黄浦公园还制造了人工瀑布和喷泉。古往今来，莫不造化天地，纵水生辉，在中国园林中，已达到了无水不成景的地步。早年来过中国的瑞典造园家欧·西润说："水从来就是园林中的重要组成部分，但是中国园林中水的范围更大，所占的位置更为突出"（《中国的园林》1940）。

北宋画家郭熙在《林泉高致》中写道："水活物也，其形欲深静，欲柔滑，欲汪洋，欲回环，欲肥腻，欲喷薄……"充分说明了水体的可塑性极大，依据地势可任意作形，如奔泻流动的水，蓄之成库，悬之成瀑，积之成潭，散之成珠，喷之成雾，旋之成涡，举之成柱，怒则如雷轰鸣，凝之成霜，凛之成冰，冬落成雪。水是创造园林美的源泉之一，既宜动赏，也宜静观。

一、人工水体的类型

人工水体基本上分规则式、拟自然式和混合式三种类型。

（一）规则式水体 规则式水景包括对称式水体和不对称式水体两种类型，一般面积较小。对称式水体大多采用圆形、方形、矩形、椭圆形、梅花形、半圆形或其它组合类型；规则而不对称的水体，其形状变化较多，造型较丰富。规则式水体大多以水池的形式出现。水池有高出地面的，也有低于地面的，一般轮廓线条简单，池岸离水面较近。规则式水池在中国古典园林中应用不多，最常见的为寺庙园林中的放生池和承接泉水的池子，如镇江的天下第一泉，无锡锡惠公园的天下第二泉，杭州的虎跑泉以及玉泉的鱼乐园和花港观鱼的老观鱼池等。在西方的规则式园林中，规则式水池应用极为普遍，面积较大，常布置在建筑群体空间的中心，并以其多变的形象，使建筑空间丰富多彩。在信仰伊斯兰教地区的园林中，甚至室内都设有此类水池，以显示富有。

规则式的水池以其用途分，大致有：

1. 为取得水中倒影而设置的水池，称为镜池。池中不种植物，保持池水洁净与平静如镜，如印度泰姬—玛尔哈陵前的水池，白色大理石的寝宫和蓝天白云倒映入池，清晰动人，地上水下景色的虚实对比，呈现无比庄丽和肃静。使游赏者有步入圣地之感。

2. 专为欣赏水生植物而设的池子，在池中种植睡莲的称为睡莲池，种植荷花的称为荷花池，亦有多种植物搭配栽植的。这些以植物为主体构成的水景，尤多诗情画意。

3. 有专为欣赏喷泉而设的水池，这种水池与各种类型的喷泉结合包括雕塑在内，均称为喷水池，喷水池常配合灯光，构成奇丽的夜景（照片1-11）。

4. 有的水池专用来养鱼，如杭州玉泉的"观鱼池"，供欣赏鱼乐为目的。

5. 专供儿童涉水嬉戏的涉水池，游赏者能欣赏到儿童稚嫩嬉笑的动态美。

6. 游泳池。

以上六种水池除游泳池和儿童涉水池外，都可进行组合设计。

池边与池底可用水泥、石块、瓷砖等砌成。若将池底做成绿色，则有增加清晰度的功效；若做成蓝色，则可使池水略显深沉；还可以用彩色瓷砖在池底铺成图案以供游人欣赏水底图案的虚灵美；或放入彩色鹅卵石以供欣赏卵石的天然色泽，晶莹可爱；凡此种种都能使池水增添魅力。广州文化公园内的园中园，采用白色池底美人鱼浮雕（图1-9），构图意境新颖，丰富了水池的装饰效果，渲染院景的民间传说气氛。

图 1-9 池底浮雕美人鱼
引自《建筑与水景》

（二）人造自然式水体的类型 人造自然式水体的形式繁多，风格各异。但大致能归纳为拟自然式和流线型的两种类型，把自然界各种水体，通过高度地提炼和概括，用不同的艺术形式表现出来。

1. 拟自然式水体　　不论其表现何种水态，都要达到"虽有人作，宛自天开"。如杭州玉泉观鱼景点侧门前的一条小溪，实际是观鱼池的溢水道，通过溢水道将观鱼池排放的水流入山水园内的大池塘。这条小溪用湖石砌岸，溪身曲折弯环，收放自如，两岸花木互相对应，高低错落，层次分明。溪底亦用湖石铺砌，随地势逐层下降，水流遇到溪底凹凸不平的岩石，产生分流与涡漩，发出欢快的音响。这是一条人造的小溪，却似天成（照片1-12）。

2. 流线型水体　　形成此类水体的线条，都是无轨迹可循的曲线，自由流畅，易与各种环境融合。广州文化公园内庭小景的水体，广州火车站站前绿地中水体以及南京玄武湖园路旁的水池都是良好的例子（照片1-13）。流线型线条本身具有运动感、时代感与水结合，更添诗情画意。

3. 图案式水体　　如杭州黄龙饭店正门两侧的龙头壁泉为图案式水体，具有一定的装饰性（照片1-14）。

（三）混合式水体　　混合式水体是指规则式与自然式相结合的水体。最典型的例子是南京烈士公园的江南第二泉（照片1-15）、杭州西泠印社水池、杭州龙井以及深圳市的交通绿岛上的水池。混合式水池不排斥方形矩形、圆形或其它几何形体，它也不排斥自然式的各种形体，而是把二者巧妙地结合起来，成为有机的整体，具有比规则式的自由灵活，富于变化，又较自然式的易与建筑环境结合等优点。

二、拟自然水体的类型

（一）溪、涧及河流　　溪涧及河流都属于流动水体。水流的首尾必有高差，尤其溪和涧都应有不同的落差，可造成不同的流速和涡旋及多股小瀑布等。对溪和涧的源头，应作隐蔽处理，使游赏者不知源于何处，流向何方，成为循流追源中展开景区的线索。辟溪涧时要进行引流，引导水体在空间逐步展开。水体的滞和流、缓和急，既展现了水景主体空间的迂回曲折和开合收放的韵律，而且有利于两岸之造景。两岸的景物应互相对应，时起时落，时疏时密，时放时收，有助于空间开合收放的变化，拟得自然合理，有天辟神开的意趣。

凡急水奔流的水体都为岩岸，以免水土流失。静水或缓流的岸可以是草岸或卵石浅滩。加固水岸必须结合造景，挖出来的土方应堆在高处，以加剧地形的变化，并在高处用岩石砌成峭壁悬崖、石矶或礁石，构成险境。

城镇内的过境河流，一般都属水路交通，除皇家园林外，少有挖掘河流者。但可以把河流结合到园林中去，成为园景，并把它的水引入园内，构成河湖系统（图1-10）。

（二）池塘　　池塘属于平静水体，在园林设置池

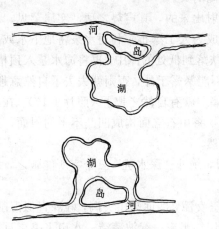

图 1-10　河湖结合图示例
（引自《城市园林绿地规划》插图）

塘的目的，是扩展空间，攫取倒影，造成"虚幻之境"。如将陆地上的景物，乃至天上的飞

鸟、行云和明月繁星都映入池中，就能取得"天光云影共徘徊"、"虚阁荫梧，清池涵月"和"荷塘月色"等意境（照片1-16）。

池塘大多为死水，则池底必有沉淤，水难清澈，因而可在适当的位置种一些水生花卉，如荷花、睡莲、鸢尾、芦苇或慈姑等等，使水面增添色彩，同时可起净化池水的作用。在池塘种植水生植物，须注意两点：第一，不能让水生植物占据整个水面，以免妨碍倒影的产生，即使满池荷花，到花谢叶残时，纵使有"留得残荷听雨声"的意境，也免不了满目凄凉的颓废景象和缺少水平如镜的宁静气氛。第二，选用水生花卉，种类宜简不宜杂，只有简而后生雅，雅是从高度的简练中产生的。

（三）**瀑布** 瀑布是由水的落差造成的。自然界中，水总是集于低谷，顺谷而下，在平坦地便为溪水，逢高低差明显的便成瀑布，山岩的变化无一雷同，于是溪流和瀑布也就千变万化，千姿百态。瀑布的造型虽难捉摸，但按其形象和势态分：有直落式、叠落式、散落式、水帘式、薄膜式以及喷射式等类型；按瀑布的大小分：有宽瀑、细瀑、高瀑、短瀑以及各种混合形的洞瀑等类型。直落式瀑布如乐清雁荡山的大、小龙湫，崖嶂壁立，高数十米，瀑布从上直泻，观之真有诗人李白所形容的"飞流直下三千尺，疑是银河落九天"之感。叠落式瀑布是指瀑布分成数段而下，如雁荡山的三叠瀑，它分上折瀑、中折瀑和下折瀑三段，最后流入山涧。散落式瀑布，如井冈山飞瀑，由于瀑布下降的坡度较倾斜，坡上多凹凸的岩石，瀑布被激溅或打散成大小不等的数股。一提到水帘式瀑布就联想到花果山水帘洞，瀑布从洞穴上方倾泻下来，如同挂在洞口的一条水晶帘子，趣味无穷。河南省桐柏县水帘洞，群山环抱，松柏苍翠，水帘洞距地高约20余米，洞口被山顶倾泻而下的瀑布遮盖，犹如珠帘垂挂。其中有一七绝云："半山垂下水晶帘，疑是银河落九天；今古无人能卷得，月钩空挂碧云边"。薄膜式瀑布如诺日朗瀑布，由于高处水谷较平、较宽，瀑布从水谷下降的面较宽，形成很薄的一层水膜，在下降过程中遇到一些凹凸的岩石，再分成数股水流，象薄薄的面纱蒙在黛绿色山岩上。此种瀑布虽无直落式那样雄伟的气势，也无水帘式那样富有奇趣，但它却有一种朦胧的美，扑朔迷离的美。

浙江省金华市溶雪洞内的瀑布，是从暗流中喷射出来的，其声势之猛，实属罕见。

把自然界各种形式的瀑布摹拟到园林中去，就成为人工瀑布。利用水泵将地下水或自来水从低处泵到高处贮水池里，再从贮水池中溢出跌落到低处的潭中，再将潭水泵入顶槽，如此循环往复，可节省用水。水泵应放在隐蔽处，不能暴露于外，否则就失去了自然意趣。

人造瀑布虽无自然瀑布的气势，但只要形神具备，就有自然之趣了（照片1-17）。在实际应用上，凡落差不大的瀑布，还不如做成小散瀑，将山石立面构成凹凸不平的斜面，可将瀑布分成数股高差不一的小瀑布，这样更显得自然。

（四）**潭** 潭乃深水坑也。但作为风景名胜的潭，绝非"深水坑"三个字所能蔽之，它必具有奇丽的景观和诗一般的情意。

自然界的潭有与瀑相联系的，如陕西麟游县的玉女潭，两面高山夹涧，峥嵘直似刀削，四面怪石似狮蹲、虎踞，险若坠落。潭为长方形，广约半亩，绿波荡漾，水声飞鸣，百尺狂澜，从半山飞泻而下，十分壮观。杜甫诗："绝谷空山玉女泉，深源滚滚出青莲，冲开巨峡千年石，泻入成龙百尺澜。惊浪翻空蟾恍若，雄声震地鼓填然，翠华当日时游幸，几度临流奏管弦"。

山东崂山的玉女潭（又名龙潭瀑）周围岩壁峭立，八水河至此沿 20m 高 10 余米宽的绝壁，悬空倒泻如喷珠飞雪，状如玉龙飞舞，瀑布下落十几米，与石壁相击，分数股跌入潭中，碧水凝寒，清澈见底。大雨过后，山洪暴注，腾飞呼啸，实为壮观，有"龙潭喷雨"之称。

泰山黑龙潭，瀑布自山崖泻下，如白练悬空，山鸣谷应。崖下一潭，深数丈，即黑龙潭，有诗曰"龙跃九霄云腾致雨，潭深千尺水不扬波"。

与泉相联系的潭，有云南昆明市黑龙潭，龙泉常注，潭水清澈，游鱼可数。云南象山脚下的黑龙潭，潭面宽阔，玉泉涌注，碧水澄澈，玉龙雪峰倒映其间，堤上绿树葱郁，景色极为秀丽。郭沫若书题楹联："龙潭倒映十三峰，潜龙在天，飞龙在地；玉水纵横半里许，墨玉为体，苍玉为神"，极尽玉泉之妙。

广西靖西县城的龙潭，泉从山脚喷出，竟数丈，蜿蜒于潭，水平如镜，清可鉴人。周围奇石起伏，树木葱郁，亭阁错落；沿岸浓荫密布，日光不透，山麓水滨，景色清幽。

与溪泉结合的潭，有湖北省昭君故里回水沱的珍珠潭。香溪至此突然转南，溪底复有清泉涌出，形成回水深潭。清人乔守中诗曰："澄澈在中央，潭深夜月光；明妃留胜迹，此地涤新妆。月色三秋白，溪流万古香"。当晴日斜照，潭水金波闪烁，五彩缤纷；每投石潭底，则水花飞溅，如串串珍珠跳跃水面。待至秋高气爽，月白风清之夜，岚光月影倒映潭内，尤具胜景，故有"珍珠秋月"之美称。

潭不仅有单潭，也有数潭相连的如湖北应山县高桂三潭。在高桂山峡谷中，两侧悬崖峭壁，犹如刀削斧劈，高处达百余米，青苔满布，金钗间缀，时而云雾缭绕，时而彩霞横抹，由低仰望长天，几如一线，幽险奇丽。三座天然石潭，顺峡底自西而东，依次排列，间隔 10 至 20m，皆呈不规则圆形。上潭深广各约 10 余米，上有瀑布下注；中潭广与深各约 10m，底有涌泉；下潭深约 8m，广 20m，溢水由此外泻。三潭喷雪腾雾，趵浪团展，碧波激滟，各具特色。尤其日当正午，晴空万里时，上常阵雨突降，落击潭面，刷刷作响，待雨止，化作彩虹飞架崖壁，蔚为奇观。

贵州有织金县的三潭滚月，三潭深邃莫测，形如鼎足，中有圆形土丘连结。每逢皓月当空，潭水沸涌，三个月影随波晃荡，时上时下，忽明忽暗，碎了又圆。因而有"共说三潭同一月，谁说一月映三潭"之说。"山空无俗染，洞僻有云浮"，古往今来，睹此"仙源幽境"者，莫不闲情物外，逸兴顿生。

潭大小不一，有大如湖者象台湾的"日月潭"，其面积为 4.5 平方公里，最深处达 6 米，是全省最大的天然湖。中有小岛名珠仔岛，岛北为日潭，岛南为月潭，以其轮廓近似日月而得名。为台湾八景之一的"双潭秋月"即指此潭而言。

有小如瓮的潭，面积仅数十平方米，如江西庐山玉渊潭，在庐山三峡涧旁，潭深如大瓮，有石似玉，横亘中流故名。涧水奔注渊中，惊波喷空，四季水流汹涌，数里之外即闻其声。

综上所述，同为潭，各有成因，又各具景观特色，无一雷同。潭自古以来以龙命名者居多：如龙潭、九龙潭、玉龙潭、大龙潭、乌龙潭、黑龙潭以及小龙潭等等，重名者也很多，如云南便有两个黑龙潭。与月组成的景观也很多，如"龙潭印月"、"三潭印月"、"珠潭秋月"以及"双潭秋月"等等。因潭景著称的风景区不下数十个，都是人造潭摹写的蓝本。潭给人的情趣不同于涧、溪、湖、井,是人工水景中不可缺少的题材。潭与瀑相联系,潭上设瀑则是历来造潭的格局,但实际上潭与泉、溪、涧、湖都可相连,形成丰富多彩的潭景,并不限于与瀑相连。历史上艮岳的"龙潭"、瘦西湖的"潭影"即是对自然的摹拟达到神似的佳作(照片1-18)。

(五)泉 泉来自山麓或地下,有温泉与冷泉之分。我国泉源相当丰富,仅温泉就有1000多处,大都辟作疗养胜地。冷泉也有不少可供疗养的。有些冷泉的泉水中,富含对人体有益的矿物质和微量元素,可用作高档饮料,而大部分泉水都用来煮茶。如杭州的虎跑泉、江西上饶的陆羽泉、湖北武昌的卓刀泉、无锡惠山的天下第二泉以及庐山的天下第六泉等。

我国因泉而著称并成为游览胜地的,有山东济南。济南素有泉城之称,有七十二泉多分布于山东济南市旧城区。济南地下多岩溶溶洞,洞内储水丰富,因地势而由南向北流动,遇火成岩回流,与南来之水相激而产生压力,遇有地面裂隙即夺地而出,形成泉水,水质洁净甘洌,恒温约在18℃上下。著名的泉有趵突泉为七十二泉之首。泉自地下涌出,三窟并发,浪花四溅,声若隐雷,势如鼎沸,平均流量每秒为1600L。郦道元《水经注》有云:"泉源上奋,水涌若轮"。泉地略成方形,池内清泉三股,昼夜喷涌,状如白雪三堆,池水澄碧,游鱼可数。水质清醇甘洌,煮茶最宜。其次是珍珠泉、黑虎泉、五龙潭等也都各具特色。

除泉城济南之外,还有河北邢台市郊的百泉,因平地出泉无数而得名,面积达20余平方公里,形成了"环邢皆泉"的天然佳胜。诸泉飞珠喷沫,奔流倾泻,或金屑乱抛,或玉盘倾珠,或黑龙搅海,或软玉生烟,各具特色。

山东泗水泉林,地下水透过石灰岩、砂岩断层夺地而出,形成星罗棋布的大型泉群。泉水或从底涌或从缝溢,斗折蛇行,叮咚有声,汇流入泗,漫步其间,只见泉连溪、溪穿泉,微波细涓,或汇为深潭,或潴为浅地,无不清澈见底。

甘肃敦煌县城7km鸣沙山北麓,泉呈月牙形、涟漪萦回,水草丛生,清澈见底。清道光《敦煌县志》载:"泉甘美,深不可测","四面沙龙,一泉澄澈,为飞沙所不到"。又谓"泉虽在流沙山群中,风起沙飞,均绕泉而过,从不落入泉内,五月端阳,登沙山,观泉景,已成为当地民间习俗,相延至今。

我国著名的泉约有60—70处,各有特色,作为重要的游览胜地,已被汇入中国名胜词典之中。

作为游览胜地的泉水,都具有共同的特点,即泉源丰富,其味甘洌,清澈见底,既可供欣赏,也可供品著者为上。所以泉是不可多得的题材。至于把泉作为一种景观来欣赏,则由于出水姿态不同,可分为山泉、涌泉、喷泉、壁泉以及间歇泉等形式。如美国黄石公园的间歇泉(老忠实喷泉)每隔20min喷一次,高达20—46m,水量达12,000加仑的热水柱,这在世界上是罕见的。天然的泉与潭、溪或河相结合的,则其意趣更浓。

人工制造的泉形式更为繁多,设计者极尽构思之巧妙。在现代园林中应用较多的是喷泉、壁泉、地泉和涌泉,其中尤以喷泉为最,被视为现代园林中之明星。喷泉不仅提供多姿多采的视听享受,其中尤以音乐舞蹈喷泉为最,在烈日炎炎,既可使空气浸润,又给游人以愉快的凉爽感,为群众喜爱。

近年来,我国出现少量的光控和声控喷泉,它能根据灯光的变幻和乐曲的变化,喷射出多种形态优美的水花。在前苏联莫斯科有"玩笑喷泉"，它是利用安装在开阔草坪中隐蔽的开关，当游人无意中踩到开关时，水花就飞溅在游人身上，似乎在同你开玩笑，使你顿觉清新爽快，精神欣奋。意大利的底伏律公园，有用河水组成的"百泉台"和"水琴喷泉"。罗马城的蒂沃利公园，整个是一个喷泉公园。园内有头顶飞泻的瀑布，有脚下流淌的清泉，有夺路喷涌的孔雀开屏。蒂沃利蔚然壮观的中心泉，泉口设在坪坝的第一级上，可喷出十几道玉缕银幕，迭落在依次递降的方池内。被誉为"城市花园"的朝鲜首都平壤，喷泉雕塑遍布全城，最大的面积达 7000 平方米。喷泉构成各种美丽的图案，有奇丽的花卉，有可爱的小动物，千姿百态，那一束束跃动的白花，映衬着造型精美的雕塑，富有迷人的魅力。瑞士日内瓦的大喷泉，喷射水柱高达百米，以其气势雄伟而著称于世。此外，也有不少室内水景，利用咫尺空间，创造出盎然的天然情趣。

喷泉有喷水式、溢水式和溅水式等三种基本类型。喷水式喷泉，主要使用多种多样喷头造成不同的效果。溢水式喷泉大多采用单层或多层次的溢水盘或壁泉的方式。溅水式喷泉，既可溢水也可喷水，其特点必须经过雕塑物的阻碍而溅洒出来。

设计喷水式喷泉的主要原则是：在多风的地点，应使用短而粗的水柱；而欲造成高远和戏剧性的喷水效果，则应选择在弱风地点，以免溅湿游赏者的衣履。溢水式喷泉习惯上都设在有屏障的位置，设计时无须考虑风的因素。

大型喷泉在园林中常用作主题，布置在正副轴线的交点上，在城市中也可布置在交通绿岛的中心和公共建筑前庭的中心。小型喷泉常用在自然式小水体的构图重心上，给平静的水面增加动感，活跃环境气氛。水柱粗大的喷泉，由于水柱半透明状，背景宜深。而水柱细小的喷泉，最好有平面背景，如绿色的草坪，更能显示水柱的线条美。大型的喷泉，最能俘获游人的目光。无论在最复杂的或在最简洁的环境中，它们都是最活跃的因素（照片1-19）。

总之，各种类型的水体既可作为独立的单体，也可以组合在一起，创造出丰富多彩的园林水景。东西方不同的水景组成形式，产生风格迥异的园林空间。中国园林水体的组合属自由组合型。以自然式布局的水面为中心，辅以涧、溪、泉、瀑、潭等，使水体在空间序列中逐步展现，远近高低起伏有致，并再现水体的自然形态于意境之中。西方水景着重于几何图形的组合，以规则长方形的水体为主，串联水渠、喷泉以及各种瀑布，形成水体在单一空间中的层次变化，突出人工造型与自然环境对比衬托。现代水景融汇东西方水景布局的特点，水体成为沟通内外、上下、前后空间重要的媒介。取水的自然形象而着意雕刻加工，表达空间的动态和秩序。

园林中的水体应有聚有分，聚分得体。聚则水面辽阔，宽广明朗；分则萦回环抱，似断似续，和崖壑花木屋宇互相掩映，构成幽深景色。不过水体的聚分须依园林用地面积的大小酌情处理。在传统园林中，大抵小园聚多于分，大园有分有聚，主次分明。现代园林中，由于游人众多，因此在水体处理上应相反，小园林中所设的水体宜分散，化整为零，取溪、涧、瀑等线型水体布置在边上或一角，这样既可利用曲折之溪流和瀑布等造景，又不占众多用地。而大园林则可聚分结合，若水体面积虽大而仍不足以开展水上活动，则宁可小些，留出足够量的陆地，增加游人活动范围。水面的形状和布置方式应与空间组织结合起来考虑，要因地因情制宜，水体大小和风格应与园林风格一致，以取得与环境的协调。

在园林中，如果以水为主体，则应以聚为主，聚则水面辽阔，气魄大。如上海长风公园的水体在 10ha 左右，约占全园面积的 23.72%，湖面宽达 300 多米，可容纳 300 多条游船，亦可开展水上体育活动。它有长约 600m 的河湾，为游船提供回荡和静憩的幽静水域。与大水体相接的溪涧、河流则意味着源头和去路，并可用来与大水体作对比，构成情趣迥异的幽深空间。在园林中，如果是以山为主，以水为辅，则往往用狭长如带的水体环绕山脚，深入幽谷，以衬山势之峥嵘和深邃。一般来讲，在大山面前宜有大水。如颐和园中的万寿山和昆明湖，北海公园中的白塔山和北海一样，气派之大非其它园林之山水可比，也不会由于大山当前而感紧迫，有较好的山水景观视距，山水互相衬托，相得益彰。

在大园林中的各个景区，除用道路联接外，还可用形体多变的水体串连起来，成为不可分割的整体。如圆明园内 40 个景区都由水系串连而形成河湖系统。宽广的水体如西湖、东湖、玄武湖、昆明湖等都用堤和岛分隔成大小不同的水域，增加空间层次和景深，丰富景色和游赏情趣。湖中的岛屿最好与岸边的峰峦半岛有脉络的联系，岛屿可设在半岛端点的向外延伸部分或港湾的凹处，可通过礁石、汀步或堤与岸相连，达到既断又续的目的（图 1-11）。

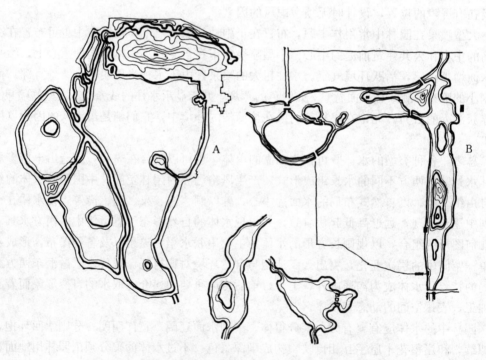

图 1-11　园林水体处理示意（根据功能要求，因地制宜地利用
水面大小、堤、桥、岛、半岛、建筑、植物、岸线曲
折起伏造成有对比变化层次丰富的景观）
A. 北京颐和园　　B. 扬州瘦西湖
（引自《城市绿地规划》）

第六节　水岸处理

凡有水体的园林，不论其大小都存在着水岸处理问题。1. 冬季冰封、春季解冻，风浪击岸以及径流冲刷，水岸遭受破坏，都需要护岸；2. 水岸处理不只是一个工程技术问题，还有艺术问题，处理得好，能密切山水之间的关系，低岸近水能使人感到亲切，尤其水边是风景比较优美的地方，游人必到，因此在规划设计中需要认真考虑。

一、草　岸

草岸是将岸边整成略有高低起伏的斜坡，在坡上铺上草皮。草岸较质朴自然而富有野致（照片1-20），但只适于水位比较稳定的水体，如池塘与沟渠等。

在草岸易于坍塌的地方，结合景观要求，用岩石加固。此种护岸方法较纯草岸更富野趣，适用于池岸和溪岸。

二、假山石驳岸

假山石驳岸是传统园林中最常用的水岸处理方式。现代园林中也时有所用，如杭州西湖苏堤是用黄石驳岸。植物园内"植园春深"水池的池岸和山水园的水池都是假山石驳岸（图1-12）。

图　1-12　假山石驳岸
A. 假山石驳岸示例之一

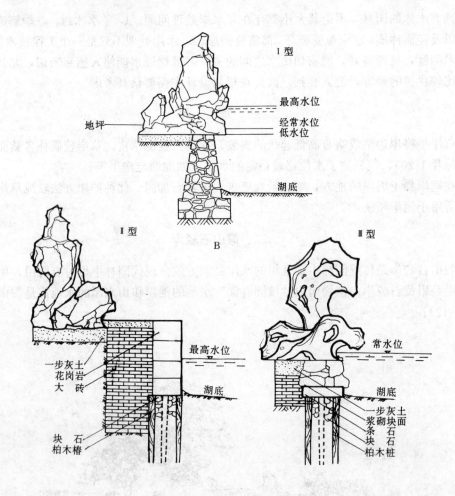

图 1-12　假山石驳岸
B. 假山石驳岸示例之二

三、石砌斜坡

用石砌斜坡，即先将水岸整成斜坡，然后顺着斜坡，用不规则的岩石砌成虎皮状的护坡，用以加固水岸或用条石护坡，修成整齐的坡面，适用于水位涨落不定或暴涨暴落的水体（图1-13）。除斜坡外，亦有直上直下的岸（图1-14）。

C

图 1-12 假山石驳岸
C. 假山石（黄石）驳岸示例之三

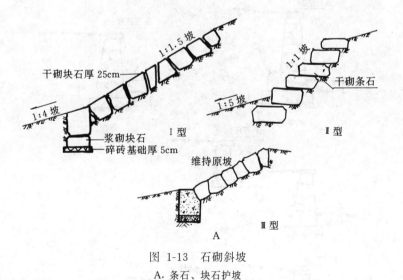

图 1-13 石砌斜坡
A. 条石、块石护坡

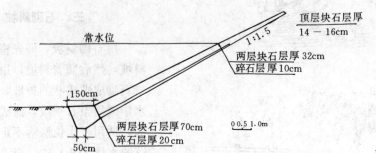

图 1-13　石砌斜坡
B. 斜坡护坡结构示意图

B

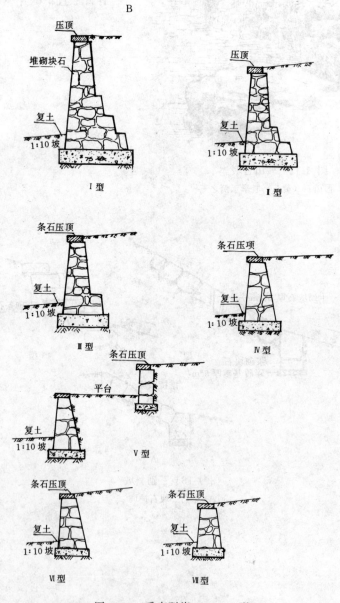

图 1-14　垂直驳岸（Ⅰ—Ⅶ型）

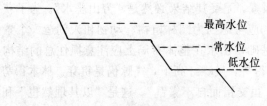

图 1-15　阶梯状台地驳岸

四、阶梯状台地驳岸

遇水岸与水面高差很大，水位不稳定的水体，将高岸修筑成阶梯式台地（图 1-15），既可使高差降低，又能适应水位涨落。

五、挑檐式驳岸

挑檐式驳岸，水延伸到岸檐下，檐下水光掠影，如同船只，能产生绿地在水面上的漂移感（图 1-16）。

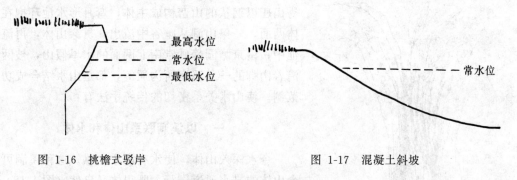

图 1-16　挑檐式驳岸　　　　　　　　图 1-17　混凝土斜坡

六、混凝土斜坡

混凝土斜坡大多用于水位不稳定的水体，也可作为游泳区的底层（图 1-17）。

七、其　它

用白色水磨石作成流线型的池岸，加强线型的光滑感和流动感；用小卵石贴砌池岸；用大理石碎块嵌镶池岸，用石子铺成浅滩的池岸；用灰塑的树桩或竹桩池岸，用灰塑假山石掇叠的假山石池岸以及结合眺台的池岸等。这些岸式一般做得较精致，常一池采用多种岸式，如杭州市黄龙饭店的水庭即是集多种形式之大成，在不同岸式之间常用假山石衔接和过渡。

总之，驳岸方式是多种多样的，难于一一言尽，同时须注意，园林中之任何驳岸都可考虑与山石和植物结合，变化不能太多，方能取得最佳效果。

第七节　密切山水关系

中国园林把自然风景看成是一个综合的生态环境。山水是自然景观的基础。山水之间是相互依存，相得益彰的关系。"水得地而流，地得水而柔"，"山本静，有树则灵，水流则动"，"水因山而活，山因水而润"都说明了山水的亲密关系。自然山水的轮廓和外貌也是互相联系和相互影响的。清代画家笪重光在《画筌》中概括地总结了这方面的自然之理。他说"山脉之通按其水境，水道之达理其山形"。还有人喻"山为骨骼，水为血脉，建筑为眼睛，道路为经络，树木花草为毛发"。也有强调自然风景的综合性和整体性。如果园林建设只是片面地强调挖湖堆山，而忽略其它因素，无疑其结果必然是"穷山恶水"。为了获得真山真水的意境，在创造地形地貌的同时，应考虑到为园林植物、动物和人创造一个景色宜人的生态环境。为园林创造良好的造景基础，山水在整体布局上应注意抓住总的结构与气势。清·李祖康《画家新印》中指出"山得势，虽嵯纡高下，气脉仍是贯穿。林木得势，虽穿插向背不同，而各自条畅。山坡得势，虽交错而自不繁乱"。这是"以其理然也"和"神理凑合"的结果，方能达到气韵生动的景观效果。

图 1-18 用溪涧联系山体

上海嘉定秋霞圃中，山水结合的特征是两山对峙，狭长的水体纵长延伸到山脚山坞；上海豫园黄石大假山，以幽深曲折的山涧破山腹而出，流入水池取胜；环秀山庄以躬伏的山峦构成主体，弯月形水池环抱在山体两面，一条山涧从幽谷中流出，贯穿山体，再流入池中；南京瞻园静妙堂南北两面的水旱假山，被两侧沿着山脚的一条溪涧所沟通等，都是山水结合成功的范例。使山水关系密切的传统手法有：

一、以溪涧联系山体和水体

令水深入山体，使水有源头之感。这种溪涧可结合山体的排水通道进行，既得体又自然（图1-18）。

二、以石矶与山崖联系山体与水体

做石矶、山崖，联系水体，密切山水关系。石矶指突出水面的湖石。避暑山庄有"石矶观鱼"一景，苏州拙政园中"钓碧"亦属此类。天然石矶景有南京的采石矶、燕子矶等。遇高差大之局部岸坡可做成山崖，令崖逼水，崖下散落石块亦颇自然（图 1-19）。陡峭的山脚直插水面，山脚曲折深入，水随山脚蜿蜒。

三、设半岛或山嘴子伸入水中

局部用跨水石洞、水口、栈道（图 1-20）等，密切山水关系。桂林的象鼻山就是天然的跨水石洞。低岸近水，降低湖岸标高，使岸面接近常水位，两者之间保持 40cm 左右。若为小水面，两者之间的高差还可缩小。山与水之间可采用小于 6％的小山坡衔接（图1-21）。

可用半岛或水嘴伸入水中（图 1-22），使山水关系密切起来。

综上所述，这些做法虽属局部处理，却皆能使山水关系更符合自然之理，具有自然之趣。清代画家笪重光说："山本静，水流则动"。不论是动水还是静水，只要有了水，山的风景就显生动活泼。反之，有水而无山的陪衬，水也难以生动，所谓水不曲不深。只有依

图 1-19　山崖下安置几块石矶，
　　　　　密切山水关系

图 1-20　栈　道

图 1-21　山水之间可采用小于 6％的
　　　　　小山坡衔接

图 1-22　用半岛或水嘴伸入水中，犬牙
　　　　　交错，形成曲折弯环的溪河

山才能曲，这都表明了山与水在构景上的依赖关系。杭州西湖、建德千岛湖、肇庆星湖、牡

丹江的镜泊湖、桂林漓江、长江三峡、雁荡龙湫等都是山水相依，互为映衬的风景名胜之地。山水原是无生命的自然物，然而一经人们赋情于它，或联之以典故，或物上题词写字，便能使片山多致，流水有情了。

清·布彦图《画学心法问答》书中指出，布局要"意在笔先。铺成大地，创造山川，其远近高卑，曲折深浅，皆令各得其势而不背，则格制定矣。然后相其地势之情形，可置树木处则置树木，可置屋宇处则置屋宇，可通人径处则置道路，可通旅行处则置桥梁，无不顺适其情，克全其理"。按照上述说法，山水造景应该先设计地形，然后再安排树木、建筑、道路等，正说明了地形地貌是造景基础的这一论点。

第二章　风景艺术

第一节　风景与风景的欣赏

一、风　景

风景是以自然物为主体所形成的，能引起美感的审美对象，而且必定是以时空为特点的多维空间，具有诗情画意，令人赏心悦目，使人流连。有陈毅诗为证。

> 水作青罗带，山如碧玉簪；
>
> 洞穴幽且深，处处呈奇观。
>
> 桂林此三绝，足给一生看。
>
> 久看欲舍去，舍去又来探。
>
> 佳景最留人，景亦待人勘。
>
> 愧我诗笔弱，难言百二三。
>
> 愿作桂林人，不愿作神仙。

园林和风景名胜，是由许多孤立的、连续或断续的风景，以某种方式组接和流通所构成的空间境域。黄山之奇、泰山之雄、峨嵋之秀和华山之险，都是这些空间景域内的风景特征。由众多的景构成和谐的统一体，统一性愈强，其风景特征愈明显。

风景的形象是多种多样的。如高山峻岭之景、江河湖海之景、林海雪原之景、高山草原之景、花港观鱼之景、与文物古迹结合的观览之景、与风土民情结合的风光美景等等。风景类型之多、变化之大，不胜枚举。实际上，凡是能称之为景的，必定是以空间形式而存在。风景空间与建筑空间相比，要开敞、自由和灵活得多。它分隔与组接随意，变化无穷。它是一个互相联系、互相延伸、互相渗透或相互补充的，整体统一而又和谐的空间景观环境。每一个风景空间由于有植物构景要素的存在，而随植物的枯荣而变化。绝大部分的风景空间都有朝夕晨昏之异，风雪雨雾之变，春夏秋冬之殊。如黄山云海具有瞬息万变之妙。总之，风景都有时空变化的特点。

景有大小之分，大者如浩瀚大海，小者如竹石小景，最小者如微型盆景。

二、景的感受

景的感受是通过人体的五种感觉器官去感受的。按感觉的重要性，当以视觉为最。视觉作用于客体，映入眼帘的首先是物体的形状与色彩，所以景观的空间轮廓和色彩是头等重要的。大多数景离开了视觉，便很难领略其美。但也有一些景，需要配合其它器官去感受，才能领会景物的艺术境界。例如西湖十景中的柳浪闻莺和南屏晚钟两个景，突出的是音响效果。如果只有视觉而没有听觉，就无法领略其美之所在。尤其欣赏南屏晚钟一景的最佳时间是在夜籁人静的时候，从远处传来低沉而又清脆的钟声，可领略到古刹钟声的意境。这主要是通过听觉器官才能得到的感受。兰的花姿叶态，自古以来有多少画家为之倾倒，但它所以被赏识还在于它的幽香。陈毅吟"幽兰在山谷，本自无人识，只为馨香重，求者遍山隅"倒很贴切。广州兰圃，每当兰花盛开时，远近市民和过往客人多来此欣赏。朱德曾感慨题词，"唯有兰花香正好，一时名贵五羊城"，并挥毫书匾："兰蕙同馨"。董必武赞为"国香"，这能说明只有配合嗅觉器官才能了解兰花美的真谛。重庆的南北温泉，西安的华清池和青岛的海滨浴场，皆为全国著名的风景区，但只有当人们泳浴其间，才能真正感受其美，这正是触觉的作用。歌德说过："人是一个整体，一个多方面内在联系着的能力的统一体。人的眼、耳、鼻、舌、身在一个统一体上，会共同发生作用。人的大脑发达，又具各种感觉器官，所以产生美感的条件胜过任何动物"。因而人对景物的欣赏和感受，常常不是用单一的感觉器官所能完成的，必须动用全部感觉器官去感受，用整个身心去领会，才能得到美感的整体效果。

对风景的欣赏，是一种身临其境和动态连续的审美活动。风景欣赏就是美的空间信息在游人脑中不断积累的过程。因此风景给予游赏者是一种融合观赏者在内的真切的空间美感。最有别于其它艺术审美活动的，就是这种能进入欣赏对象的内部，身临其境的真实感。在风景区中，一切美的景物围绕着我们，组成了独特的欣赏环境，在这一环境中，审美主体和客体之间，存在着四维空间关系。这是风景美真实感人的主要原因。

中国传统园林的成功之处，就在于强调感受。景能引起感受，即触景生情，情景交融。如西湖的平湖秋月，每当仲秋季节，天高云淡，空明如镜，水月交辉，水天宛然一体，濒临欣赏，犹如置身于琼楼玉宇的广寒宫中；再如广州烈士陵园的松柏，给人以庄严肃穆的感受；北京颐和园的佛香阁建筑群，给人以富丽堂皇的感受；位于哈尔滨市松花江之滨的斯大林公园，给人以开朗豁达的感受。

就山景而言，对黄山有嶙峋之感，华山有险峻之感，庐山有朦胧之感，武夷山则有形奇之感。总之，对不同的景就有不同的感受。景的特色越明显，给人的感受愈强烈。

对同一景色，不同的人感受不一，这是因为对景的感受是随着人的职业、年龄、性别、文化水平、社会经历和兴趣爱好的不同而异的。同是《吟梅词》，北宋词人陆游写的"驿外断桥边，寂寞开无主。已是黄昏独自愁，更著风和雨。无意苦争春，一任群芳妒。零落成泥碾作尘，只有香如故"。毛泽东的《咏梅词》，"风雨送春归，飞雪迎春到，已是悬崖百丈冰，犹有花枝俏，俏也不争春，只把春来报，待到山花烂漫时，她在丛中笑"。诗人李商隐在《乐游原》中，留下的名句"夕阳无限好，只是近黄昏"和叶剑英所作的"但得夕阳无限好，何须惆怅近黄昏，老夫喜作黄昏颂，满目青山夕照明"。看来，人生观不同的人，对同一景观的反应大不一样。即使是同一个人，由于此一时和彼一时的心境不同，对同一景物也会产生绝然相反的感受。心境制约着对客观对象的审美感。墨子说"食必常饱，然后求美；衣必常暖，然后求丽；居必常安，然后求乐"，对疲于奔命的人，美感就会失去意义。苏州园林，对某些游人而言，仅留下假山和假水，矫揉造作，毫无真趣可言的印象；而对另一些人却充满着诗情画意，赞赏不已。

同一个景对同一个人，由于视点位置不同，得到的感受就不一样。如诗人李白咏庐山瀑布，在山下观瀑是"飞流直下三千尺，疑是银河落九天"，但在山上观瀑却是"喷壑数十里，隐若白虹起"，一见其雄伟，一见其绮丽。因为视点位置不同，瀑布即以不同的风貌呈现出来，从而影响了诗人的美感。

在这里须要提出，对景的欣赏还存在着传统思想的影响。西方人对风景美的欣赏传统比较集中在风景实体的形式，即风景形象的线条、色彩、块面和体量等方面，这一传统一直影响着他们对自然风景的审美理想和欣赏趣味。而东方人则重神韵和意境。总之，造景固然很难，赏景亦并不容易。游园须有情，钟情山水，知己泉石，其审美与感受才能深刻。

三、景的观赏

景是供游览观赏的。但游览方式不同，景观效果各异，它能给人以众多的感受。

(一)动态观赏与静态观赏　景的观赏有动态观赏与静态观赏之分，在实际情况中动静是结合的，动是游，静是息，游而不息，使人筋疲力竭，息而不游，又失去了游览的意义。因而园林绿地的规划设计，一般应从动与静两方面的要求去考虑。静观是予游人多驻足之点，动则给游人以较长的游览路线。动态观赏，游人视点与景物产生相对位移，如看风景立体电影，一景一景不断向后移去，成为一种动态连续构图；静态观赏，其视点与景物位置不变，如看一幅立体风景画，整个画面是一幅静态构图。静态观赏点，也正是摄影师创作和画家写生的地方。但事实上，动静二字本是相对而言的。"风来花自舞，春入鸟能言"，"远峰初歇雨，片石欲生烟"。陈从周说得精辟"有动必有静，有静必有动，然而在园林景观中，静寓动中，动由静出，其变化之多，造景之妙，层出不穷，所谓通其变，逐成天下之文。若静坐亭中，行云流水，鸟飞花落，皆动也。舟游人行，而山石树木，则有静止者。止水静，游鱼动，动静交织，自成佳趣。故以静观动，以动观静，则景出"。他又说"静之物，动亦存焉。坐对石峰，透漏具备，而皴法之明快，线条之飞俊，虽静犹动。水面似静，涟漪自动，画面似静，动态自现，静之物若无生意，即无动态。故动观静观，实造园产生效果之最关键处，明乎此理，则景观之理初解矣"。

由于时代在进步，现代人的生活方式、活动量、兴趣和爱好自与古人不同，游览方式在改变：有步行、有利用自行车、火车、船只、汽车以及飞机等交通工具。由于游览的交通工具不同，速度或视点位置不同，即使是同一风景区，游人所得的感受也并不一致。当然旅与游是有区别的，旅宜速，游宜缓，但不能分割，旅中有游，游中也有旅。在旅途中，我们同样希望见到赏心悦目的风景和风土民情。

1. 空中旅游　空中旅游具有视野广阔、整体感强和地面分辨率高的特点。俯视城市、山岭、湖泊、河流、山谷、农田、原野、村庄以及森林等景色。这种连绵不断的景色，使游览者认识到，风景中任何一个物体都与整体有关，都是整体的组成部分。俯视地球表面，发现有许多地区充满着明显的和谐，或所有自然成素充满着统一性，不仅是地面形状、岩石组合及花草树木如此，就连动物的生活也是如此。我们可以说这些地区具有自然的风景特性，其统一性越显著，其风景特性就愈强，俯视的景物效果就愈好。

2. 乘火车观赏　乘火车观赏多注意窗户前方景物，景物距游人愈远，景物向后移动的速度愈慢；视距愈近，景物向后移动的速度愈快。人们以每小时移动 60km 的速度来浏览景色，选择较少，多注意景观的体量、轮廓和天际线。沿路重点景色应有适当视距，景色不零乱、不单调、连续而有节奏，丰富而有整体感。距铁路 10km 处的景物如树木，其高度不超过4m就不至于阻挡远处的山峦和层林。在沿路栽护路林带的同时,宜注意将沿路的风光美景显露出来。

3. 乘汽车旅游　由于汽车大小、开敞与封闭的不同,影响到游人视平线的高低。坐小客车视线低,坐大客车视线较高,坐敞车旅游的视野比坐蓬车旅游开阔。总之,坐汽车旅游较坐火车旅游的视距近,且停和行均较自由灵活。

4. 乘船游览　船只行驶速度较飞机、火车、汽车缓慢,既能注视前方,又能左顾右盼,视线选择较上述几种交通工具更为自由。

5. 骑自行车旅游　骑自行车旅游或游览较用其它交通工具有更大的灵活性。它可以进入汽车不能进入之境。如骑车通过西湖苏白二堤,浏览西湖全貌较之步行、车行更痛快,游目骋怀,心旷神怡。由于骑车比步行速度快而省力,有足够的时间和精力在各景点慢游细赏。

6. 坐缆车欣赏景色　提高了游人视点,既能仰视,又能俯视。赏山景、探幽谷别有一番情趣,对一些老弱病残者,无疑是一种福音。

7. 步行游览　步行游览者倍尝艰辛。在交通方便的今天,徐霞客式的长途跋涉旅游已不再重演,但在风景区内徒步游览,仍然是主要的方式。步行可以对园内景物细观慢赏,停停走走,走走停停,有憩有游,动静结合,只有这样,方能品出风景名胜和园林景物的神、韵、味来,这是其它游览方式所不及的。

(二) 视点位置　观景因视点位置高低而有平视、仰视、俯视之别。居高临下,景物全收,这是俯视;有些景区险峻难攀,只能在低处瞻望,这是仰视。在平坦的江海之滨或半岛之端,景物开阔或深远,观赏多为平视。俯视、仰视、平视的观赏效果或感受各不相同。

1. 平视观赏　视线平望向前,使人有平静、深远、安宁的气氛,不易疲劳。平视风景与地面平行的线组,均有向前消失感。距离愈远景物愈小,色泽愈灰,能反映出景物的远近和深度。因而平视对景物的深度有较强的感染力。平视风景都布置在开阔的江、河、湖、海之滨。在视点处可设亭、廊或水榭以供凭栏远眺。同时在远眺中有一种可望而不可及的心理,如远山、天边白云,水天一色,闲闲鸥鸟,风帆远扬,孤村炊烟等等引起的情怀十分复杂,是渴望远眺的一种引力。对西湖风景温柔恬静之感,大多是与平视景观分不开的。

2. 俯视观赏　游人视点高,景物都呈现在视点下方,如果观者的视线俯视向前,此时与中视线平行的线组,均向下消失,故视点愈高,景物就显得愈小。"会当凌绝顶,一览众山小",过去有登泰山而小天下之说法,就是这种境界。再者人的视点受身材高度的影响,一般为1.5—1.7m,对周围景物均存在严重的透视变形,圆的成为椭圆,方的成了长方,已经习以为常。如一旦提高视点,看到平日不常见到的全貌,感到十分新奇,尤其有图案的花坛俯视比平视美多了。这一点也是人们喜欢居高临下的重要原因之一。

俯视景观的空间垂直深度感特别强烈。由于俯视点与景物的水平距离不同,便产生了俯视鸟瞰和平视鸟瞰两种不同的景观。在形势险峻的高山上,可以俯视深沟峡谷,有惊险感。平视鸟瞰是远景,视点远伸,有胸襟开阔,目光远大,心旷神怡之感。

在中国园林中,常常在天然形势险峻,俯视风景很深的峡谷和河川的山上布置亭桥和建筑等，居高临下，创造游览胜景。如无地势可借者，建楼台或高塔，亦可收到俯视的效果。

3. 仰视观赏　当景物高度很大，视点距离很近或视点在景物的下方，均须仰视鉴赏景物，与中视线平行的线条有向上消失感。因而对景物高度的感染力特别强烈，易形成雄伟、庄严、紧张的气氛。在园林中为了强调主景形象高大，可以把游人视点安排在离主景高度一倍以内，不使人有后退的余地，借用错觉使景象显得比实际高大，这是经济的艺术处理手法之一。古典园林中堆叠假山，不是从增加假山的绝对高度考虑，而是采用仰视手法，将视点安排在离假山较近的距离内，游人被迫仰视假山，产生山峰样的错觉。

苏州古典园林中，观赏点与景物之间的距离一般都不大。这固然受园林面积所限，但也由于园中厅堂常以假山作为主要对景，而通常假山高度都不超过7m，若视距过大，山石就显得低矮，所以大多采用12—20m的视距为宜。峰石应近看，一般都放在庭园的小空间内，以显示其高。

平视、俯视、仰视的观赏有时不能截然分开。如登高山峻岭，先在下面向上望，再一步步地向上攀登，眼前就出现一组组的仰视画面；当登上最高处时，向四周平视鸟瞰，及至一步步返回地面时，眼前又出现一组组的俯视鸟瞰景观。这是因为风景是游赏空间，是连续的立体画。

（三）**观赏视距**　不论是动观还是静观，游人所在的位置称为观赏点。观赏点与被观赏景物之间的距离称为观赏视距。观赏视距恰当与否，影响观赏的艺术效果。

空间景物都存在一个最佳观赏面或观赏角度问题。最佳观赏面与视点位置和视距有关，事先给游人安排好赏景的视距和视点，能取得最佳观赏效果。

按照人眼结构和一般人的正常视力和视域，若头部不转动，视域的垂直明视角度为26°—30°，水平明视角为45°，超过此范围，就要转动头部或转动眼珠以扩大视域。但并不是所有景物都需要明视距离的，因为有些景物适合远视，有些景物适于朦胧欣赏。"雾里观花，花更绰约，浮云掩月，月更神秘"，在这种情况下，就无需考虑明视距离。北京颐和园的谐趣园中，由饮绿亭展望涵远堂，仰角为13°，垂直视角恰好为26°，视距适宜，有良好的观赏效果。观赏纪念碑时，垂直视角可分别按18°、27°和45°处理。视角为18°，视距是纪念碑高度的3倍，能看到碑身及其周围的环境；视角为27°时，视距为碑高的2倍，能观察到碑的整体；到45°时视距则为碑高的1倍，只能观赏到碑的局部和细部（图2-1）。如需要观赏园林建筑及其在环境中的位置、整体及局部，则应分别在建筑高度的1、2、3倍距离处，设空场、布视点，使游人能在不同视距内，观赏景物与环境，景物的整体和局部。也可考虑从不同角度去欣赏景物而布视点，能收到移步换景之妙。一般说，封闭广场的中心如有纪念性建筑物，则该建筑物的高度及广场四周建筑物的高度与广场直径之比宜为1：3—1：6,方有较合适的视距。

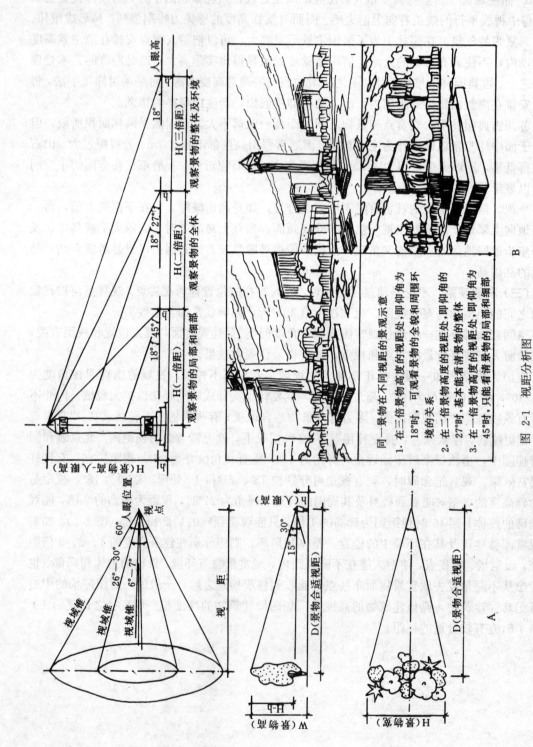

图 2-1 视距分析图

A. 视点、视域、视距关系示意 B. 同一景一景物在不同视距的景观示意
（引自同济大学《城市绿地规划》）

1. 在三倍景物高度的视距处,即仰角为18°时,可观看景物的全貌和周围环境的关系。

2. 在二倍景物高度的视距处,即仰角为27°时,基本能看清景物的整体。

3. 在一倍景物高度的视清景物的视距处,即仰角为45°时,只能看清景物的局部和细部。

同一景物在不同视距的景观示意

观察景物的局部和细部　观察景物的全体　观察景物的整体及环境

H(一倍距)　H(二倍距)　H(三倍距)

18° 45°　18° 27°　18°

H(景物-人眼)

人眼高

视域锥　60°　人眼位置

视域锥　26°—30°

视域锥　6°—7°

视点

视域

视距

30°

15°

D(景物合适视距)

H(景物)

W(景物)

D(景物合适视距)

H(景物)

· 58 ·

第二节　景观的艺术处理

造景的指导思想，是因借自然，效法自然而又高于自然，做到虽由人作，宛自天开。

一、主配手法

亦即主景与配景的应用。俗话说"牡丹虽好，还需绿叶扶持"，这句话正好说明主配关系，虽然有许多先开花后放叶的花木，如玉兰花、樱花、梅花、腊梅、杏花、榆叶梅、小桃红等，在鲜花盛开时并无绿叶扶持，却显得甚为逸致，有超凡脱俗的风度。但主配关系还是存在的，这时的配景不是这类花卉自身的绿叶，而是蓝天白云或暗绿色的常绿树。在这些背景的衬托下，能取得更加动人的效果。

在传统画论中，既强调主景突出，又重视配景的烘托。如"画有宾主，不可使宾胜于主"（元代汤垕《画论》），重视主景突出，具有压倒一切之势。"众山拱状，主山始尊；群峰盘互，祖峰乃厚"（清笪重光《画筌》），强调配景对主景所起的作用，主景又需配景来扶持。"主峰最宜高耸，客山须是奔趋"（唐·王维《山水诀》）。这些论点都说明了主景突出，客景烘托的主配关系。

就整个园林而言，主景是全园的重点或核心，它是园林空间构图的中心，是主题或主体所在，是全园视线的控制焦点，也是精华所在，具有压倒群芳的气势，有强烈的艺术感染力；配景起陪衬主题的作用，使主景突出，主配相得益彰。

以著名风景区西湖为例，西湖风景区当以西湖为主体，西湖中的孤山、小瀛洲、阮公墩、湖心亭及苏、白二堤为配体，这是不言而喻的。如果西湖没有这些配体就会显得单调；有了它们，西湖的风景就有了高低、层次和深度，景观就丰富多了。反之，这些配体若缺少了空明如镜的西湖，它们的存在也将失去意义。又如北京颐和园万寿山和昆明湖，前者为主景，后者当属配景。万寿山因有昆明湖的衬托，越显其高耸和雄伟，昆明湖因有万寿山之对比，而越显其宽广和平静，起到了相得益彰的效果。

在不同性质、规模、地形和水体的园林里，主景与配景是不同的。如柏林苏军纪念碑的主题是一位右手握着长剑，左手抱着儿童的苏军战士。其它如雕塑母亲，在旗门守卫的红军战士，还有成组的浮雕与灰塑花圈等都是用来衬托主题，加强陵园思想性的。北京北海公园主景为白塔山，从体量、高度、色彩、形象、空间意境和细部都压倒一切，独具优势，同时以宽阔的水面和蔚蓝的天空分别作为前景和背景，画面显得非常简洁而开阔，主景更显突出（照片2-1）。北海公园除白塔山主景外，还有景山和三海四周的建筑群与之相呼应，取得各部分的平衡。主景突出，在所有的名园中莫不如是，只有杭州花港观鱼公园例外，主景是不明确的。有些人认为，在平面构图上以红鱼池为主体，在立面上应以牡丹园之牡丹亭为主题；还有些人认为，花港观鱼公园的主题为花和鱼，如同戏剧中的男女主角，所以设红鱼池和牡丹园以达到"花着鱼身，鱼嘬花"的艺术境界，但实际上把鱼和花割裂开来，主题就不明确了。花港观鱼公园的主题，顾名思义不难得出鱼为主题的答案，花港只是构成鱼生活和游人观鱼的环境。鱼不是生活在江、河、湖泊、水库、池塘等处，而是生活在曲折回环的港岔内，这条港岔的两岸有各种花草树木，游人不是在别的什么环境中观鱼，而是坐在沿着这条花港两岸的曲桥、亭、榭以及花廊中或坐在石矶上观鱼。待到两岸鲜花怒放，落英缤纷时，就出现了"花着鱼身，鱼嘬花"的艺术境界，景名吻合，名符其实。主题一旦明确以后，牡丹园、雪松大草坪的空间处理，在体量和气势上，就不会压倒观鱼部分，达到目前势均力敌，难分主次的局面，更谈不上空间的互相烘托，这不能不说是在规划上的美中不足。

园林是由许多大小不同的空间组成的，每一个空间都应有主景和配景。但在众多的空间中，也必然有主要空间和次要空间之分，他们仍然是花与叶的关系。突出主景的手法有：

（一）**主景升高**　主景升高，能使背景简化，如广州越秀公园的五羊雕塑和天安门广场上的人民英雄纪念碑都以蓝天白云为背景。由于背景简洁，不受其它环境因子所干扰，从而使主题的造型和轮廓线更为突出，主景升高，也能起到鹤立鸡群的效果，即使周围景物繁多，只要作为主景的位置升高，就显得非同一般。如位于宝石山上的保俶塔，不仅它的造型独特（如同破土而出的一支石笋），而且位置优越，西湖四周，到处可见，为西湖增添了无穷秀色，因而成为西湖风景区诸景中的主景，虽然它并不在西湖主体之中，但客观上却成为西湖风景区的标志，也成为杭州市的城标。

（二）**把主题放在主轴线的端点上**　一条轴线需要一个有力的端点，即聚景点，否则会令人感到这条轴线没有终结。轴线的端点是安放主题的理想位置。其次在主副轴线的交点和众多轴线的交点上，也都是设置主题的理想位置。这几种处理手法，在意大利和法国的古典园林中最为常见。

（三）**动势向心**　凡是四面环抱的空间如水面、广场、草坪等，在其周围设置的次要景物，往往有向心的动势，也就是众望所归的地方最宜安排主景。

（四）**空间构图重心**　把主景布置在园林绿地的感觉重心上，包括规则式园林的几何中心和自然式园林的空间构图重心，如颐和园内的佛香阁主景建筑，安放在该园空间构图重心万寿山的顶上；杭州市武林门广场的构图中心，放一组雕塑喷泉，成为广场的主景。应该提出注意的是，主景并不在于体量的大小，主要在于它所在的位置。如在轴线的两旁种植高大的树木，而在轴线的端点仅设一小亭，而这亭虽小，却成了该轴线的主景，高大的乔木只起了配景和陪衬作用。所以在园林中选择和安排主景或主体的位置是极为重要的。如果主景的位置选择适当，再加上位置升高，则最能引人注目，西湖保俶塔即为一例。

二、层次手法

景色的空间层次模式可分为三层，即前景、中景与背景；也可分成近景、中景与远景。前景与背景或近景与远景都是有助于突出中景的。中景的位置宜于安放主景，远景或背景都是用来衬托主景的，而前景是用来装点画面的。不论远景与近景或前景与背景，都能起到增加空间层次和深度感的作用，能使景色深远，丰富而不单调。

有的景观景深的绝对透视距离很大，如一片空旷的大草地或大水面，由于缺乏层次，在感觉上缺乏深度感。反之，如果景物的绝对透视距离并不大，因有层次结构，引起空间深远感，加强了风景的艺术魅力。在这里需要强调的，并不是所有的景物都需要有层次处理，这要视造景要求而定，如需要开朗景观，则层次宜少或无层次，如大草坪或交通绿岛的绿化设计等。

三、借景手法

借景是将园内视线所及的园外景色，有意识地组织到园内来，成为园内景色的一部分。明·计成在《园冶》一书中说："园巧于因借，精在体宜，借者园虽别内外，得景则无拘远近，晴峦耸秀，绀宇凌空；极目所至，俗则屏之，嘉则收之"。明末清初，造园家李渔也主张"取景在借"。杜甫诗"窗含西岭千秋雪，门泊东吴万里船"。诗中的西岭雪和东吴船既是框景，也是借景。说明借景能扩大空间感，丰富园景，增加变化，且不费分文。这对园墙高筑的封闭式园林，无疑是极为重要的。所以计成视"借景"为"林园之最重要者"。"借景"对现代城镇中的园林也是重要的，但对无园内外之别的，园林化了的城镇，只有互为对景，不存在借景关系。《园冶》卷二、六"借景"专题篇中，把借景之法分为远借、邻借、仰借、俯借和应时而借。说明借景除借园外景物，以丰富园内景观，增加层次和扩大空间感外，园内景物也可以相互因借。但究其实质，实为园内外和园内各空间景观的相互渗透或互为对景和相互烘托的关系，因而把借景的具体手法，简化为下列三种：

（一）**提高视点的位置** "欲穷千里目，更上一层楼"，视点越高，视野越大，所见景物越多，远山近水尽收眼底。在苏州园林中，叠假山，筑高台，在高处设亭或敞轩，为借景创造条件。远借或近借统统可以用提高视点得到解决。

（二）**借助门窗或围墙上的漏窗** 通过门窗或围墙上的漏窗，把邻园的景色借过来。《园冶》中提到"倘嵌他人之胜，有一线相通，非为间绝，借景偏宜；若对邻氏之花才几分消息，可以招呼，收春无尽"和"轩盈高爽，窗户虚邻，纳千顷之汪洋，收四时之烂漫"。由此可见，借景可以沟通园内外和室内外空间，扩大空间感。

（三）**开辟透景线** 把远处的景物借过来，如杭州葛岭上的初阳台，今非昔比，视线受周围树木所阻，早已看不到日出，也看不到西湖了。为借西湖之景以丰富初阳台的景观，必须开辟透景线，才能登高远望。

四、景观组织手法

景观组织手法有对景、透景、障景与隔景等。

（一）**对景** 凡是与观景点相对的景称为对景。"楼观沧海日，门对浙江潮"就是说明对景的一例。对景有正对和侧对、单对与互对之分。正对是指视点通过轴线或透视线把视线引向景物的正面。正对取得端庄严正的效果，如由颐和园的龙王庙看佛香阁是正对。侧对是指视点与景物侧对，欣赏景物的侧面，能取得"怀抱琵琶半遮面"的艺术效果（照片2-2和照片2-3）。由知春亭看佛香阁是侧对的良好例子。正对与侧对都是单对。互对是指在视线两端都安排景物，同时都是视点所在，如从佛香阁看多孔桥或由多孔桥看佛香阁形成互对。互对可以正对也可以侧对。园林里弯环曲折的道路、长廊、河流和溪涧的转折点，宜设置各种对景，增加景点，起到移步换景的作用，尤其用框景作为对景，更能引人入胜。

在进行城市绿化系统规划时，把视力所及的郊区风景或古迹名胜，用透景或对景的手法，引入城市中来，把城市内部艺术评价很高的公用建筑、纪念性建筑、古迹名胜或园林风景组成对景，使能互相观望，以丰富城市景色。城市中干道的端点和河流的转弯处都是组织对景的理想位置。

（二）**透景** 美好的景物被高于游人视线的地上物所挡住，要开辟透景线，这种处理手法叫透景。要把园内外主要风景点透视线在平面规划设计图上表示出来，并保证在透视线范围内，景物的立面空间上不再受阻挡。

在安排透景线时，常常与轴线或放射型直线道路和河流统一考虑，这样做可以减少因开辟透景线而被移植或间伐大量树木。透景线除透景以外，还具有加强"对景"地位的作用。因此沿透景线两侧的景物，只能作透景的配景布置，以提高透景的艺术效果。

（三）**藏景、障景、抑景**

藏景 与西方开门见山的园林布局正好相反。我国古代画家唐志契在"绘事微言"中说："善露者未始不藏，若露而不藏便浅而薄"。中国园林艺术传统讲究含蓄，一向反对"开门见山，一览无余"。主张"山重水复疑无路，柳暗花明又一村"的"先藏后露，欲扬先抑"的设计手法。所以景都藏在里面，这样才能出其不意和引人入胜。景越深，游兴越浓。如颐和园要经过三道门和两个院落，绕过一道假山，才能见到园内景色。苏州狮子林、怡园、留园等也都要通过两三个院落和长廊，才能见到园景。园景也绝非一览无余，还须漫步览胜，才能穷其全貌。

障景 在园内设障景，使视线受阻，令游人产生"山穷水尽"之感。经改变空间引导方向，园景逐渐展开，达到"柳暗花明"的境界，这种抑制视线提高主景艺术魅力的手法叫障景。障景具有双重性，一是屏障景物，改变空间引导方向，二是作为前进方向的对景，所以对障景本身的景观效果也是很重要的。

障景务求高于视点，否则无障可言。障景依材料分有山障，如上海龙华公园入口正面的黄石大假山（照片2-4）；树障如杭州柳浪闻莺公园的雪松大屏障；影壁障如杭州虎跑泉的影壁障以及组雕障，如上海烈士陵园正门入口的组雕（照片2-4）等。其实可作为障景材料的远不止此，形式也可以多种多样，如无锡寄畅园入口的障景，是一座绵延的假山——八音涧作为入园前奏，通过两面如削的峭壁山，才见到空间的开阔，水平如镜，曲廊环围，古木参天，花木穿插的古典园林。现代有些园林绿地所设的障景，如同蒙在脸上逗婴儿开心的手帕，或者象客厅中的屏风，未免失之浅薄。

抑景 苏州园林善于用半壁廊将景物藏在壁的后面，在壁上设有漏窗，使景物通过漏窗若隐若现，若断若续地显现出来（泄景），使游人产生一种迫不及待，急于窥视全貌的心理，这就大大提高了主景的艺术魅力。这也是先抑后扬的艺术手法所起的作用。

（四）**隔景** 凡将园林绿地分隔为大小不同的空间景域，使各空间具有各自的景观特色，而互不干扰者称为隔景。隔景把整个绿地化整为零，能起到小中见大，园景深不可测和景观丰富的效果。它与障景不同之处，在于障景是出其不意，而且障景本身就是景，隔景旨在分隔空间景观，并不强调自身的景观效果。圆明园就是利用隔景的手法，构成大小景区40多个，正因为如此，风格迥异的西洋园能出现于圆明园中。

隔景有虚隔、实隔与虚实隔之分。一般来说，两个相邻的空间互不透漏的为实隔，如颐和园中的谐趣园，无锡的寄畅园都用高墙隔开，属实隔。两个空间相互透漏的为虚隔，如用水体、山谷、堤、桥以及道路等分隔，空间与空间之间完全通透的。还有两个空间虽隔又连，隔而不断，景观能够互相渗透的，如用开漏窗的墙、长廊、铁栅栏、花墙、疏林、花架等分隔的空间称为虚实隔。长廊、花架和亭的柱子把一个完整的风景分隔成为一个个景面，这也叫隔景。如北京北海公园中的看画廊，即借长廊的立柱，把湖光山色分隔成一幅幅画面供游者观赏。

在苏州拙政园的水池中，有两个起伏的岛屿，将水面分隔成南北两个景区，北面景区呈现出山清水秀的江南水乡情调，南面景区则呈现峻峭山景，形成两个绝然不同的风光。两区之间能通过两岛相连的山凹处，可以互相透视，这也是既隔又连的一例。

五、前景处理手法

前景处理手法有框景、夹景、漏景和添景等。

（一）**框景**　在苏州园林中，常常可以通过门窗看到如画的风景，在粉墙上出现以圆洞门为框的山石盆景画面。把自然风景框起来作画面处理的手法叫做框景。框景使人产生一种错觉，疑是挂在墙上的一幅精巧的，富于立体感的图画，这就起到使自然美上升为艺术美，加强风景艺术性的效果。在框景的上方往往有"画中游"或"别有洞天"之类的横幅，人走进门洞，仿佛进入画中，凭添几分诗情画意。

造园家李渔于室内创设"尺幅窗（又名无心画）"，指的就是框景。

框景的作用在于把园林绿地的自然美、绘画美与建筑美高度统一在一幅立体的"风景画面"中。因为有简洁的景框为前景，所以使视线高度集中于"画面"的主景上，给人以强烈的艺术感染。另外使室内外空间互相渗透流通，扩大了空间，增加了诗情画意。

框景若先有景而后开框（门框或窗框），则框的位置应朝向美丽的景物；若先有框而后布景，则应布在与窗相对应的位置上，要使景物恰好落入 26°的视域内，成为最佳的画面。框景手法是中国园林的特点，尤其在古典园林中比比皆是，但并非西方没有框景，不过他们更多地利用树木的天然树冠作为取景框，上不封顶，摄取最佳的画面（附框景照片 2-5 供参考）。

（二）**夹景**　夹景是运用透视线、轴线突出对景的方法之一。在透视线或轴线的两边用树丛、树列、土山或建筑等加以屏障，形成狭长空间，把人们的视线集中到对景上。

（三）**漏景**　是由框景发展而来，两者的区别在于框景景色全观，漏景景色若隐若现，使人感到既含蓄又雅致。漏景常用的方法是设漏窗，通过漏窗觑视窗外景色，饶有情趣。除漏窗以外，还有花墙、漏屏风、漏格扇以及疏林等，通过空隙见到如画的风景（附漏窗的各式照片 2-6 供参考）。

（四）**添景**　在园林中有时为求得主景或对景有丰富的层次，在缺乏前景和背景的情况下，在景物前面增加建筑小品或补种几株乔木和在景物后面增加背景，使层次丰富起来的手法称为添景。

在景观艺术处理的众多手法中，障景、隔景、夹景等手法都有屏俗收佳的作用。所谓"不隔其俗，难引其雅，不掩其丑，何呈其美"。因而在景观艺术处理时，不仅强调美观的一面，也要注意掩盖丑陋的一面。

第三章　园林色彩构图

园林是绚丽的色彩世界，是供人们游赏的空间境域。园林色彩作用于人的感官，能引起感情反应，例如：园林中色彩协调，景色宜人，能使游人赏心悦目，心旷神怡，游兴倍增；倘若色彩对比过于强烈，则能令人产生厌恶感；若色彩复杂而纷繁，则使人眼花缭乱，心烦意乱；若色彩过于单调，则令人兴味索然。若所用色彩为冷色，可使环境气氛幽静；若为暖色，则能使环境气氛活跃。因此，如何科学地、艺术地运用色彩，美化环境，以满足群众精神生活需要，这是个值得重视的问题。

第一节　光对景物色彩的影响

众所周知，人之所以能辨别自然界中的各种色彩，皆因借助于光，没有光就没有色彩，一切都淹没在黑暗之中。在白色的太阳光中包含着红、橙、黄、绿、青、紫等6种不同波长的色光。由于各种物体的物理性状不同，对光的反应也不同。当光源的光线照射到物体上时，一部分白光被全部反射出去，另一部分白光被分解，其中某些色光较多地被物体吸收，另一部分色光又较多地被反射出去，这些被分解后反射出去的色光和未被分解而反射出去的白光混合在一起，就呈现出该物体的色彩。有些物体受到白光直射的部分反光很强，这时被物体分解反射出来的色光退居次要地位，以致物体表面被白色的高光所笼罩，几乎看不出物体的固有色。如果光源的光并非纯白色而偏于红黄或青紫色，则物体被光源照射的部分，较多地呈现红黄或青紫色。白居易诗"一道残阳铺水中，半江瑟瑟半江红"道出了其中原因。一江水之所以出现两种色彩，半江红是受光源色的影响，而半江瑟瑟则是环境色影响的结果，这种受光源色和环境色影响所呈现的色彩称为条件色。只有在漫射光照射下，物体所呈现的色彩才是物体的固有色。由于光源色和环境色的影响，同一景物处于顺光、逆光和侧光等条件下，其色彩必然有所不同，景观的感情效应也不一样。欣赏桂林漓江的山水风光以逆光胜于顺光。山和水在逆光下，前者轮廓清晰，后者波光粼粼，反差强烈，使景物简单化，呈现景物的剪影效果。夕照中红叶的色泽在逆光下比顺光下更加鲜艳，这是由于色光透过红叶使色光感得到加强所致。当人们懂得了光对风景色彩的影响规律，就可利用自然界中生动表现出来的千变万化的物象色彩给园林景观增添魅力。唐人钱起诗"竹怜新雨后，山爱夕阳时"道出了光对园林景观和风景色彩的影响有多大。

第二节　空气透视与色消视的景观效果

唐代文学家王勃的《滕王阁序》名句"落霞与孤鹜齐飞，秋水共长天一色"描述鄱阳湖傍晚的景色，真实地反映出色的空气透视和色消视现象。这两种现象是由下列两个原因造成的：其一是由空气分子的散射，当阳光通过空气层时，其中大部分青、蓝、紫等短波长的色光被散射，使空气呈现蓝色，一切远景都被透明的蓝色空气所笼罩；其二是景物愈远，其色相的亮度和饱和度愈低，景物的色彩随距离的增加而减退其亮度和饱和度，最后与天空同色，所以在晴天时远山都呈蓝色，在阴雨天时都呈灰色。唐代诗人杜牧诗"远上寒山石径斜，白云生处有人家。停车坐爱枫林晚，霜叶红于二月花"。这首诗的前两句是指远景而言，用一个"寒"字道出了风景的空气透视，后两句则是指近景而言，道出秋天的红枫在夕阳照射下呈现的色彩有何等绮丽，色相有何等饱和！在懂得了风景的空气透视和色消视原理之后，就能有意识地运用各种植物色彩的明度和饱和度来强调园林的空间层次和深度感，在山的东西两坡营造色叶树种，以加强层林尽染的色彩效果。

第三节　利用气象变化的自然色彩组成景观

色彩是物质属性之一，无论天空、山、水、岩石、植物、动物、建筑物、构筑物以及园林建筑小品等无不呈现某种色彩，其中有一类物质的色彩完全不受人们意志左右，如日出、佛光、云海、赤壁等，当我们了解到这些物质色彩变化的特点和风景价值后，便能有意识地把它们组织到风景区或园林中去，如峨嵋金鼎佛光、泰山日出、黄山云海、武夷丹霞赤壁等成为著名的景观和景点。

天空色彩有瞬息万变的特点，但终有一定的规律。一般来说，由日出与日落带来的晨晖与晚霞，使天空与大地色彩奇丽而灿烂，蓝天白云把大地的山山水水衬托得明明秀秀；在山雨欲来，乌云蔽日之时，风起云涌，犹如一幅泼墨山水画，正如宋·诗人苏轼诗"黑云翻墨未遮天，白雨跳珠乱入船。卷天风来忽吹散，望湖楼下水如天"所描述的意境。张德喜有一首诗形象而生动地说明了气象变化引起天空色彩变化所带来的景观效果。诗文如下：

数声闷雷起风云，墨云飞渡南北峰。

南峰霎时倾盆雨，北峰还在残阳中。

雨过气爽山近人，重岭叠岗层次明。

遮峰絮云忽吹散，化作晚霞迎月升。

晨雾似一层薄薄的轻纱，使景物色彩更显调和，具有朦胧的美，景物的银装素裹则更显妖娆。月夜、银光洒地、竹影摇曳，色彩更显柔和与皎洁。

不论天空有多少变化，都无损于她作为主景的背景。用天空作背景的主景，其形象要简洁，轮廓要清晰，这样才能呈现出庄严、伟大或平静、柔和的景观效果。用明色调的白塔、和平女神或其它雕塑，在蓝天白云的衬托下，其景观效果最佳，用暗色的铜雕作主景时，晨夕都有剪影的艺术效果（照片3-1）。

第四节　利用山石、水体和动物、植物等的天然色彩美化环境

山、石、水体、动物、植物等的天然色彩在不同程度上可以受人工摆布，例如近山的色彩主要通过植被、裸岩和泥土的色彩表现出来。其中天然植被可以被人们利用和改造，例

如日本在富士山的阳坡上伐掉原有大树，种上色叶树，形成美丽的秋色。

（一）山岩　在天然风景区，具有特殊色泽或形状的成片裸岩可形成特殊景观，如武夷山的"丹霞赤壁"、普陀的"师石"、厦门万石山的"笑石"、三亚市的"南天一柱"、云南的"石林"、浙江的"方岩"和"东西岩"都是有名的石景区。岩石色彩种类很多，有灰白、肉红、青灰、黑、浅绿、润白、棕红、棕黄、褐红、土红等色彩，它们都是复色，不论在色相上、明度上和饱和度上与园林环境的基色——绿色都有不同程度的对比，既醒目又协调。

（二）水　水是无色的，但因水体面积大小和深浅不同，受光源色和环境色彩影响而产生不同的色彩，同时也与水质清洁程度有关，因而大海呈蓝色，漓江呈绿色，黄河呈黄色，九寨沟的湖水呈五彩色，溪涧的水是透明的。通过水可以反映天光行云和岸边景物的色彩，如同通过一层透明薄膜，显得更加清晰动人。人造瀑布、喷泉、溢泉和水池等配上灯光可形成绚丽多彩的夜景（照片3-2）。

（三）动物　园林中动物的色彩，例如湖中的水禽白鹅，不仅其形象生动，而且给园林环境增添色彩。"鹅、鹅、鹅，曲颈向天歌，白毛浮绿水，红掌拨青波"，这是诗人见到在水中漂浮的白鹅引起诗情大发而作，形、声、色俱全，美不可言。如果把白鹅换成天鹅，更有神话般的意境。鸳鸯戏水，不仅增添水中色彩和动态美，而且具有美满幸福的寓意，更受人们喜爱。

自然界中的丹顶鹤、孔雀、梅花鹿、黄鹂、大小熊猫、斑马、长颈鹿、羚羊等动物色彩无不能使湖山增色。动物本身的色彩较稳定，但它们在园林中的位置却无法固定，唯一的办法是扩大豢养范围，任其在这个范围内自由活动，用他们来活跃园林景色。

（四）植物　园林植物的色彩较动物色彩活跃又较稳定。说它较活跃是因为它随时间变化，受环境因子影响较大；说它较稳定是指种植位置一经固定就不会移动，人们容易掌握。因植物色彩而形成的著名景点有：北京香山黄栌、长沙岳麓山的枫树、杭州西湖的翠堤春晓、孤山雪梅、雷锋乌柏、云栖竹径、曲院风荷等。每年9月下旬，黑龙江小兴安岭真达到了满山红遍、层林尽染的景观，为江南山林所不及。

第五节　人为色彩在园林中起画龙点睛和装饰作用

园林中还有一类构景要素，如建筑物、构筑物、道路、广场、塑石、雕塑、建筑小品、灯具、坐椅、板凳以及垃圾箱等的色彩大多是人为色彩；又如岩石、水泥、沥青、木材、竹子等建筑材料的天然色彩是完全可以受人摆布的。这类构景要素的色彩在园林中所占比重不大，却举足轻重。园林中主题建筑的位置、造型及色彩三者结合，能对园林风景起画龙点睛的作用，其中尤以色彩最令人注目。园林中建筑小品的色彩，如白色的矮栏杆、黛绿色的浮雕、紫铜色的抽象雕塑以及儿童玩具、垃圾箱等的色彩都能起到装饰和锦上添花的作用。这类色彩比较稳定，持续时间较长，因而用色时务须慎重。

园林建筑的色彩具有民族传统和地方特色，如北方皇家园林中的建筑色彩都采用暖色，大红柱子、琉璃瓦、彩绘等金碧辉煌，富丽堂皇，显示帝王的气派，减弱冬季园林的萧条气氛。江南园林建筑色彩多用冷色，黑瓦粉墙，栗色柱子等十分素雅，显示文人高雅淡泊的情操，减弱夏季的酷暑感，这种用色法一直延用至今。闪光的琉璃瓦和绛红色的墙与绿树浓荫的山林有着色彩和明度上的明显对比，能给山林增色。绿树林中透露出来的黑瓦粉墙也很醒目，这是由于建筑本身有黑白对比，使黑色更黑，白色更白的缘故。同样暗绿色与白色在明度上也存在着对比，能给山林添秀。我国现代园林建筑已突破传统色彩的束缚，在色相上已化繁为简，在饱和度上已变深为浅，在亮度上以明代暗。建筑用色要考虑建筑性质，环境和景观要求，只有三者结合考虑方能达到完美。与此同时，用色者必须标新立异，别出新裁，才能有所创新，不落俗套。用色成功的园林建筑有：广州白云山上的悬岩小亭，亭顶是砼塑黄竹筒，色泽美丽，体态轻盈，裸露于绿树林外，分外鲜明，起到锦上添花的效果。庐山上有一只小亭，亭顶采用红色，与环境取得了对比的艺术效果和画龙点睛的作用。

以山林为背景的中山陵建筑群，采用青色琉璃瓦的屋顶，充分显示出庄严、朴实和安祥的美。成为世界七大建筑之一的印度泰姬陵，她的成功不仅在于她的造型，还在于她那洁白如玉的大理石所创造的气氛，给人一种圣洁沉静的美感。建筑师韦伯给艺术家莫里斯设计建造了一所家庭别墅，他采用红砖红瓦建成了一所红屋，犹如一朵美丽的红玫瑰开放在绿色的原野上。这些都说明建筑色彩对环境的作用。

园中路径和广场是园林景物之一，《园冶》中指出，"路径寻常，阶除脱俗，莲生袜底，步出个中来"，足见砌地铺路在传统园林中极受重视。花街是我国传统园林的特色之一，仅用黑瓦、碎砖、卵石等材料铺设，就能产生许多变化，图案之精美，色彩之调和，铺砌之精巧，令人赞叹不已。在现代园林中，路面铺装的纹样和色彩已受到重视，有用多种颜色的磨光花岗岩碎块拼砌成道路；有用不同规格和色彩的预制圆形砼板镶嵌在卵石中铺装成地面的；有用彩色缸砖铺砌地面的；有用预制六角形水磨砼板铺装地面的（照片3-3）。这些色彩使冗长的园路或单调的广场显得生动，富有时代气息。用草皮铺覆路面或广场，减弱了地面的热辐射，有天鹅绒地毯般的质感和柔和舒适的美。如果在绿草中镶嵌其它色彩的砼砖或块石，则由于在色相上和明度上与绿草皮有一定的对比，能使沉静的环境活跃起来。

人的衣着色彩是园林中最活跃的，又是最不稳定的因素，有时是动人的因素之一。人的体型美、服装的式样和色彩美会使园林环境得到艺术感染，倍增人们的游兴。

第六节　园林色彩的艺术处理

园林空间的色彩表现不是由某个单一因子构成的，它是由天然的、人为的、有生命的和无生命的许多因子综合构成的，其中以园林植物的色彩最丰富。英国皇家园艺学会出版过一套色卡共202张，每张上有四种不同纯度的色块，共计808种不同深浅的颜色，基本上包括了园艺植物可能出现的全部色彩。但植物色彩随季节而变化，除绿色维持的时间较长和较稳定外，其它颜色表现的时间比较短，正因其短，才使人珍惜和留连，使园林景色多变，时进而景新。在进行园林色彩构图时，必须将各类素材的色彩在时空上的变化作综合考虑才能达到完美效果。所说的色彩处理，是指那些可以受人摆布的色彩因素而言，但同时还需要考虑那些不以人们意志为转移的客观色彩因素，使两者很好地配合。

（一）**单色处理或类似色处理**　园林空间是多色彩构成的，不存在单色的园林空间。就一种色相而言，其变化就很大，以绿色为例，它的波长在 505—510nm 范围之内，用孟氏系统分类，有 3 种间色（亦称类似色），如蓝绿、绿和黄绿，有 9 种明度和 5 种纯度等级的变化，总共至少有 135 种不同色泽的绿色，再加上光源色和环境色的影响，其变化就更加丰富了。绿色是园林的基色，也就有 135 种类似色。因而单色处理也就包含着类似色处理。杭州市花港观鱼公园中的雪松大草坪所形成的色彩可作为类似色处理的佳例（不包括后来添加的紫叶李和林缘的花镜在内）。雪松大草坪具有朴实无华、稳重大方的豪迈气派（照片 3-4），这种感情效应是由绿色通过雪松〔*Cedrus deodara* (Roxb.) G. Don〕树群的形象和由其围合而成的 16400m² 草坪空间所形成的。

　　纯净的单色处理是指用同一光流量的色光或同一种色相的处理，如在花坛、花带或花地内只种同一色相的花卉，当盛花期到来，绿叶被花朵淹没，其效果比多色花坛或花地更引人注目。自然界中出现的成片柳兰花（*Epilobium angustifolium* L.），田野里出现大面积的油菜花（*Brassica chinensis* L. var. *oleifera* Makino），荷兰沿公路两旁绵延数公里的单色郁金香（*Tulipa gesneriana* L.），这些具有相当大面积的单一颜色的花坛所呈现的景象十分壮观，令人赞叹。适合作单色处理的花卉宜生长低矮，开花繁茂，花期长而一致，草本花卉中的花菱草（*Eschscholtzia californica* Cham.）、金盏花（*Calendula officinalis* L.）、香雪球（*Alyssum maritimum* Lam）、霍香蓟（*Ageratum conyzoides* L.）、硫黄菊（*Cosmos sulphureus* Cav.）和虞美人（*Papaver rhoeas* L.）等以及木本花卉中先开花后放叶的植物。

　　（二）**对比色处理**　两种色互为补色时就是对比色，一组对比色放在一起，由于对比作用而使彼此的色相都得到加强，产生感情效应更为强烈，但对比强烈的色彩并不能引起人们的美感。只有在对比有主次之分的情况下，才能谐调在同一个园林空间中。例如万绿丛中一点红，比起相等面积的绿和红来更能引起人的美感。对比色处理在植物配置中最典型的例子是桃红柳绿，建筑设计中如华丽的佛香阁建筑群在苍松翠柏陪衬下分外庄丽悦目，光华照人。

　　（三）**调和色处理**　我们在自然界中经常看到绿野与青天，黄花与绿叶，会感到一种平静、温和与典雅的美。黄、绿、青三色之间含有某种共同色素，配合在一起极易调和，故又称调和色，在色彩学上也称类似色。本文暂把这两种名称区分开来，类似色是同一色相的不同明度和饱和度的各种颜色，以此区别于调和色。例如花卉中的半支莲（*Portulaca grandiflora* Hook.），在盛花时色彩异常艳丽，却又十分调和。半支莲有红、洋红、黄、金黄、金红以及白色等花色，其中除白色为中性色外，其余都是调和色。波斯菊（*Cosmos bipinnatus* Cav.）有紫红、浅紫红和白色等花色，栽在一起浓淡相宜，十分雅致。

　　在园林中类似色和调和色处理是大量的，因为容易取得协调，对比色的应用则是少量的，较多地是选用邻补色对比，这样容易取得和谐生动的景观效果。

　　（四）**渐层**　渐层是指某一个色相由深到浅，由明到暗或反之的变化，或由一种色相逐渐转变为另一种色相，甚至转变为互补色，这些因微差引起的变化和由此由一个极端变为另一个极端都称为渐层。蓝的天空和金黄色的霞光之间充满着渐层变化。同一色相在明度和饱和度上的渐层变化给人以柔和与宁静的感受；从一个色相逐渐转变为另一色相，甚至转变成补色相，这种渐层变化既调和又生动。在具体配色时，应把色相变化过程划分成若干个色阶，取其相间 1—2 个色阶的颜色配置在一起，不宜取相隔太近的，也不宜取太远的，太近了渐层变化不明显，太远又失去渐层的意义。渐层配色方法适用于布置花坛、建筑，也适用于园林空间色彩转换。用不同色阶的绿色植物构成具有层次和深度的园景，这一点极为重要。

（五）中性色的运用　黑瓦粉墙是中国民用建筑的传统色。园林中常以粉墙为纸，竹石为绘，构成一幅幅风吹影动，花影移墙的立体画面，生动而富有韵味。白色的园林建筑小品或雕塑在绿色草坪的衬托下显得十分明净。园林景色宜明快，因而在暗色调的花卉中混入适量的白花，可使色调明快起来。把白花混入色相对比较强烈的花卉中可使对比强度缓和。夏季在暖色花卉中加进白色花卉，不仅能使色彩明快，而且可起减热作用；冬天在冷色花卉中加进白花，可起增暖作用。

灰色在现代园林中常见诸于建筑、路面、塑石、围墙和高低栏杆上，因为灰色是水泥的本色。作为现代建筑材料的水泥在园林中应用已愈来愈广泛。自然界中的灰色可使人产生空虚、迷茫以及远离的感觉，如透过树林看到一堵灰墙，会使人产生错觉，疑是灰茫茫的天空。灰色天空可使园林环境的色彩变得柔和。

金色多半应用于建筑室内外的装饰，如寺庙和宝塔的金顶、佛象的金身、建筑彩绘、嵌条、灯具及家具等，在园林内常用于雕塑上，如苏联夏宫中的雕塑都是喷金的，在日内瓦湖上有一闪光的镂空球体是金色的。银色用于灯具及栏杆上。一些金属色彩，如不锈钢、紫铜等材料构成的抽象球体，都能给园林空间带来光环的色感。

（六）色块的镶嵌应用　自然界和园林中的色彩，不论是对比色还是调和色，大多是以大小不同的色块镶嵌起来的，如蓝色的天空、暗绿色的密林、黄绿色的草坪、闪光的水面、金黄色的花地和红白相间的花坛等。利用植物不同的色彩镶嵌在草坪上、护坡上、花坛中都能起到良好的效果（照片 3-5）。除了采用色块镶嵌以外，还可以用花期和植株高度一致而花色不同的两种花卉混栽在一起，可产生模糊镶嵌的效果，从远处看去，色彩扑朔迷离，使人神往（照片 3-6）。

在园林建筑的墙壁上，色彩镶嵌的应用较多。马赛克壁画是一种色彩镶嵌。用两三种颜色的石屑干粘在墙面上，也能产生模糊镶嵌的效果。

（七）多色处理　单色彩的园林空间是不存在的，而多色彩的空间却到处皆是。杭州花港观鱼公园中的牡丹园是园林植物多色处理的佳例。牡丹盛开时有红枫与之相辉映，有黑松、五针松、白皮松、构骨、龙柏、常春藤以及草皮等不同纯度的绿色作陪衬，谐调在统一的构图中。用红石板砌成石柱，配以白色的木架，爬以绿色的紫藤，开着紫色的花朵，这也是多色处理。成片栽种色相不同的同种花卉，如半支莲、矮牵牛、中国石竹、美女樱、百日草、小丽菊以及月季花等也是多色处理。有些花卉的花朵本身就有几种色彩。选择花期一致的不同种或品种的花卉配置在一起，构成花境或模纹花坛，这也是多色处理。多色处理中有调和色也有对比色，调和色应用是大量的，对比色是少量的，这样可给人以生动活泼的感受。

第七节　园林空间色彩构图

在懂得园林景物色彩的特点和色彩的艺术处理后，便可考虑园林空间色彩构图。园林空间变化极为丰富，在总体规划思想指导下，每一个空间构图都应有其特色，这个特色包括空间造型的景物布置和色彩表现，前者是后者的构图依据，没有富特色的空间景物结构，则色彩无以附丽，但如只考虑景物结构而无视色彩的景观效果，则景物结构之美终将毁于一旦，所以在作色彩构图时务须慎重，要考虑两点：

一、要考虑游人的心态

在寒冷地区和寒冷季节，暖色调能使人感到温暖，在喜庆节日和文化活动场所也宜选用暖色调，暖色调使人感到热烈与兴奋。在炎热地区和炎热季节，人们喜欢冷色调，冷色调使人感到凉爽与宁静，因此在宁静的环境中宜采用冷色调，以加强环境的宁静气氛。人们在过于热烈的环境中渴望宁静，在过于宁静的环境中又希望得到某种程度的热烈与兴奋。所以在一个园林中既要有热烈欢乐的场所，亦要有幽深安静的环境以满足各种游人的心态。这样不仅能使游人心理活动取得平衡，而且可使空间景物富于变化。用颜色来创造环境气氛是很重要的，而色彩表现则是由构景要素的天然色彩和人工色彩配合而成的。

二、要确定基调、主调、配调和重点色

色彩构图要确定基调、主调、配调和重点色。园林色彩的基调决定于自然，天空以蓝色为基调，地面以植被的绿色为基调，这是不以人们意志为转移的，重要的是选择主色调、配色调和重点色。

园林中的主色调是以所选植物开花时的色彩表现出来的，例如杭州植物园的主色调，在早春白玉兰盛开时为白色，在樱花盛开时又变为粉红色，当枫叶变色时又变为红色。所以园林中的主色调是随时令而改变的。

配调对主调起陪衬或烘托作用，因而色彩的配调要从两方面考虑，一是用类似色或调和色从正面强调主色调，对主色调起辅助作用；一是用对比色从反面强调主色调，使主色调由于对比而得到加强。产生主色调的树种，如果花色的明度和纯度都不足的话，则该树种应种得多些，以多取胜如樱花（*Prunus mume* Sieb. et Zucc）；如果花朵色相的明度和纯度都很强，则该树种的栽植数量可以适当减少如垂丝海棠（*Malus micromalus* Mak.）。

重点色在园林空间色彩构图中所占比重应是最小的，但其色相的明度和纯度应是最高的，具有压倒一切的优势。例如杭州植物园分类区主题建筑"植园春深"的立柱是大红色的，这种红色的明度和纯度都强过周围环境中的其它颜色，起到重点色的作用（照片3-7）。

自然界的色彩充满着对比与调和的变化，如：红花与绿叶；蔚蓝色的天空与金黄色的阳光以及物体上的光与阴等等，这些色彩均属于对比效果。而绿树、绿草由于植物种和品种不同，呈现出各种不同的绿色，都是调和色。被阳光笼罩下的各种物体上不同的暖色以及阴影中各种物体上不同的冷色等，也都属于调和的效果。在调和之间和调和转向对比之间又常常呈现渐变的过程。如蔚蓝色的天空出现阳光万道之间呈现出橙、橙黄和湛蓝、蓝、

淡蓝乃至灰、灰白等色的现象都是色彩渐变的效果。色彩是个复杂问题，它直接作用于人的感官，产生感情反应。色彩处理得好，就能成为园林中最强烈的美感之一；如果处理不好，可以造成色彩公害，影响人的身心健康。大自然中的色彩千变万化，是美的创作源泉，为了创造优美的造型世界，必须仔细观察自然界中丰富的色彩变化，掌握各种构景要素的色彩和人工颜料的调配规律，才能大胆而有创造性地进行园林色彩构图，把祖国的园林建设得更加绚丽灿烂，丰富多彩。

第四章　园林建筑及小品

第一节　园　路

园路是园林绿地构图中的重要组成部分，是联系各景区、景点以及活动中心的纽带，具有引导游览，分散人流的功能，同时也可供游人散步和休息之用。园路本身与植物、山石、水体、亭、廊、花架一样都能起展示景物和点缀风景的作用。园路还需满足园林建设、养护管理、安全防火和职工生活对交通运输的需要。园路配布合适与否，直接影响到公园的布局和利用率，因此需要把道路的功能作用和艺术性结合起来，精心设计，因景设路，因路得景，做到步移景异。

一、园路的类型

一般园路可分为主干道、次干道和游步道三种类型。主干道是园林绿地道路系统的骨干，与园林绿地的主要出入口、各功能分区以及风景点相联系，也是各区的分界线。主干道通常宽度为3—4m，视园林绿地规模大小和游人量多少而定。次干道一般由主干道分出，是直接联系各区及风景点的道路，以便将人流迅速分散到各个所需去处。次干道常用

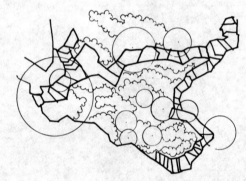

图 4-1　变形路

的宽度为2—3m。游步道是引导游人深入景点，是寻胜探幽的道路。一般设在山岙、峡谷、水涯、小岛、丛林、水边、花间和草地上。游步道是最接近大自然的道路，所采用的宽度为1—2.5m，亦有小于1m的。

二、园路风格

园路的风格，首先决定于园林绿地的规划形式，若为规则式的园林，园路大多为直线和有轨迹可循的曲线路；若为自然式园林，则园路大多为无轨迹可循的自由曲线和宽窄不定的变形路（图 4-1）。园路路面铺装也影响到园路的风格。我国古典园林中的园路，常采用青砖、黑瓦以及卵石等材料嵌镶成各种精美图案和纹样，具有朴实典雅的风采，素有花街之美称，具民族特色，有较高的艺术性。新中国成立以来，科学技术发展很快，新材料和新工艺不断涌现。园路在继承民族传统的基础上，出现了具有时代精神的铺装路面为园林增添光彩。

三、园路系统规划

园林的规划形式是道路系统规划的依据，而规划形式是根据地形地貌、功能分区和景

色分区、景点以及风景序列等要求来决定的。除了规则式园路采取直线形外，一般来说园路宜曲不宜直，贵乎自然，追求自然意趣，依山就势，回环曲折。道路可以是等宽的，也可以是不等宽的，但曲线要自然流畅，犹若流水。游步道应多于主干道，景幽则客散。为适应机动车行驶，上山的盘山路要迂回曲折。为适应中老年人游览的路，路面坡度超过12°时，在不通车辆的路段需设台阶，每级台阶高度为12—17cm；宽度为30—38cm，台阶的长度因情制宜。一般台阶不宜连续使用，如地形许可，每8—10级后应设一段平台（图4-2），在平台一侧或两侧设有条石凳以适应中老年人休息和观望。为适应青少年爱好和活动量大的特点，宜设计羊肠捷径，攀悬崖，历险境以增游兴。落水面的道路可用桥、堤或汀步相接；环湖的道路应与水面若接若离、若隐若现，使湖面景色多变（图4-3）。

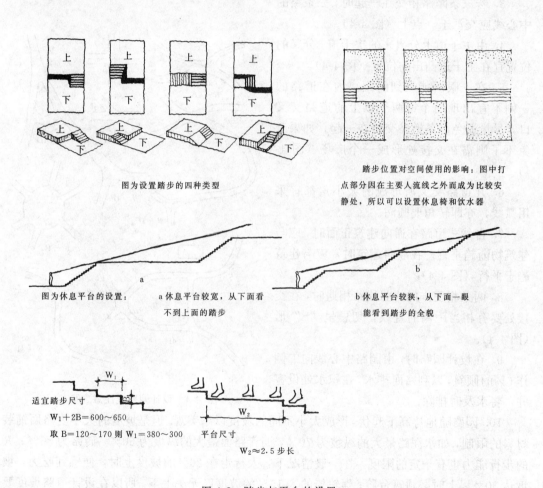

图为设置踏步的四种类型

踏步位置对空间使用的影响：图中打点部分因在主要人流线之外而成为比较安静处，所以可以设置休息椅和饮水器

图为休息平台的设置：　　a休息平台较宽，从下面看不到上面的踏步

b休息平台较狭，从下面一眼能看到踏步的全貌

适宜踏步尺寸

$W_1 + 2B = 600 \sim 650$

取 $B = 120 \sim 170$ 则 $W_1 = 380 \sim 300$

平台尺寸

$W_2 \approx 2.5$ 步长

图 4-2　踏步与平台的设置

在规划道路系统时，切忌设计无目的的路或死胡同，使游人有兴而来，败兴而还，也不宜设棋盘格的路和蛇行路，前者使游人每到一个十字路口都有无所适从之感；后者难以令人赏心悦目。所谓蛇行路亦即在一眼所见的范围内，园路曲折过多，如蛇爬行（照片4-1）。人总是喜欢走捷径的，除非出现障碍，无法跨越，只好绕道而行。因此，凡是园路出

现弯曲，必有障碍物，一眼看不到两个或两个以上的弯曲．根据此理，在规划园路时，在道路弯曲处必设有石组、假山、林丛或大树等障碍物，使园路弯曲符合自然规律。

四、设计道路应注意事项

1. 两条自然式园路相交于一点，所形成的对角不宜相等。道路需要转换方向时，离原交叉点要有一定长度作为方向转变的过渡。如果两条直线道路相交时，可以正交，也可以斜交。为了美观实用，要求交叉在一点上，对角相等（图 4-4）。

2. 两路相交所成的角度不宜小于 60°，若角度太小，可以设立一个三角绿地，使交叉所形成的尖角得以缓和（图 4-4）。

3. 若三条园路相交在一起时，三条路的中心线应交汇于一点上（图 4-4）。

4. 由主干道上分出来的次干道，分叉的位置宜在主干道凸出的位置（图 4-4）。

5. 在一眼所能见到的距离内在道路的一侧不宜出现两个或两个以上的道路交叉口，尽量避免多条道路交接在一起。如果避免不了则需在交接处形成一个广场（图 4-4）。

6. 凡道路交叉所形成的大小角都宜采用弧线，亦即转角要圆润。

7. 自然式道路在通向建筑正面时，应与建筑物渐趋垂直。在顺向建筑时，应与建筑趋于平行（图 4-4）。

8. 两条相反方向的曲线路相遇时，在交接处要有相当距离的直线，切忌呈"S"形（图 4-4）。

9. 在设计园路时，由园路中心线向二侧作 6% 的倾斜，以利路面排水，在积水处设窨井，将水及时排除。

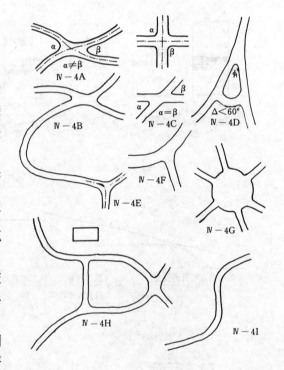

图 4-4 设计园路应注意之事项

10. 园路随地势高下起伏，形成大小不同的坡度以增美观。但是坡度的大小受路面铺装材料的限制，如水泥路最大的纵坡为 70%，沥青路面最大的纵坡为 60%，砖路为 80%；人的步行能力也有一定的限度，在一般情况下，人行走在 20% 的坡度上时，便感到吃力，坡度达 30% 以上时必须筑台阶；驾轮椅的人 15% 的坡度已无法上下。所以在设计道路坡度要根据上述的一些因子进行综合考虑，不能随心所欲。通常对老幼皆宜的坡度以在 10% 左右最为理想。

11. 在平地上筑路，可根据地下水位情况，结合地形整理，降低路基或提高道路两侧的地势，使道路嵌镶在绿地中，如杭州花港观鱼公园的道路予人以隐藏的感觉（照片 4-2）。只有在绿地有良好排水设施的情况下，路面才能高于绿地，否则绿地的水排不出去，植被长不好，也不美观。若把道路设在丘脊坡垄之上，则可使游人视线升高，开阔视野，俯瞰园林景色。

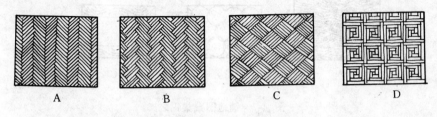

图 4-5　传统砖砌道路传统纹样

A. 人字纹　B. 席纹　C. 间方纹　D. 斗纹

五、道路铺装类型

由于铺砌材料不同，图案和纹样均极丰富，传统的铺砌方法有：

1. 用砖铺砌可铺成席纹、人字纹、间方式及斗纹式（图 4-5）。

2. 以砖瓦为图案界线，镶以各色卵石或碎瓷片，其可以拼合成的图案有六方式、攒六方式、八方间六方、套六方式、长八方式、海棠式、八方式、四方间十字方式（图 4-6）。

3. 香草边式，香草边是用砖为边，用瓦为草的砌法，中间铺砖或卵石均可（图 4-7A）。

4. 球门式，用卵石嵌瓦，仅此一式可用（图 4-7B）。

5. 波纹式用废瓦检取厚薄，分别砌之，波头宜用厚的，波旁宜镶薄的（图 4-7C）。

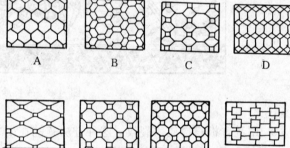

图 4-6　铺地图案集锦之一

A. 六方式　B. 攒六方式　C. 八方间六方式
D. 套六方式　E. 长八方式　F. 八方式
G. 海棠式　H. 四方间十字方式

6. 乱石路即用小乱石砌成石榴子形，比较坚实雅致。路的曲折高低，从山上到谷口都宜用这种方法。

7. 卵石路应用在不常走的路上，同时要用大小卵石间隔铺成为宜。

8. 砖卵石路面被誉为"石子画"，它是选用精雕的砖、细磨的瓦和经过严格挑选的各色卵石拼凑成的路面，图案内容丰富，其中有《古城会》、《战长沙》、《回荆州》等十多出三国的戏（图 4-8）；有以寓言为题材的图案，如"黄鼠狼给鸡拜年"、"对羊过桥"，有传统民间图案，有花、鸟、鱼、虫等，又如绘制成蝙蝠、梅花鹿和仙鹤的图案，以象征福、禄、寿（图 4-9），真是琳琅满目，美不胜收，成为我国园林艺术的特点之一。花港观鱼公园牡丹园中的梅影坡，即在梅树投影在路面上的位置用黑色的卵石绘制砌成，此举在现代园林中颇有影响（图 4-10）。

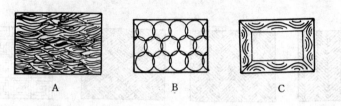

图 4-7 铺地图案集锦之二
A. 香草纹 B. 球门式 C. 波纹

图 4-8 战长沙

9. 用乱青板石攒成冰裂纹，这种方法宜铺在山之崖、水之坡、台之前、亭之旁（图 4-11）。可任意灵活运用。砌法不拘一格，破方砖磨平之后，铺之更佳。

以上是《园冶》上所介绍的几种铺装材料和几种图案和纹样。而在实例中的图案和纹样则更为丰富。图 4-12 是铺地的各种传统纹样，提供参考。

10. 块料路面，用大方砖、石板或预制成各种纹样或图案的砼板铺砌而成的路面，如木纹砼板、拉条砼板、假卵石砼板等，花样繁多，不胜枚举，请参看图例如图 4-13、图 4-14 和图 4-15。这类路面简朴大方、防滑，能减弱路面反光强度，美观舒适。

园林中尤其喜欢用几种方形和长方形预制砼板拼成的图案，纹理简单，变化不少。用几种不同的尺寸就可以拼出各种宽窄不同的路面，其方法是预制成 25×25cm、25×50cm、50×50cm、50×75cm、50×100cm 及 25×75cm 等共六种规格的预制砼板，可以铺成宽为 2m、1.5m、1m 的道路，也可以用来铺装广场，杭州武林门广场地面铺装即用此法，既方便，又灵活，既多样统一，又美观大方，此法值得推广（图 4-16）。

11. 机制石板路，选深紫色、深灰色、灰绿色、酱红色、褐红色等岩石，用机械磨砌成为 15×15cm，厚为 10cm 以上的石板，表面平坦而粗糙，铺成各种纹样或色块，既耐磨又美丽。

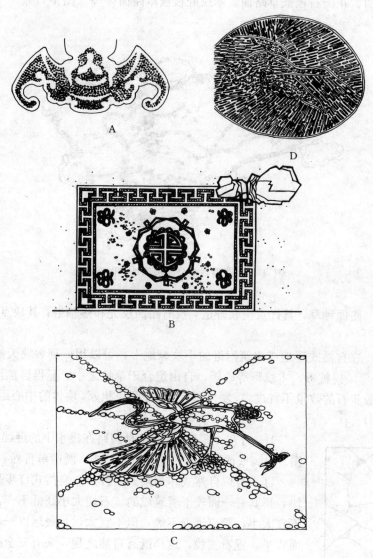

图 4-9　福禄寿图案

A. 蝙蝠图案寓福之意　　B. 用此图案象征禄　　C、D. 用仙鹤图象征寿

12. **整体路面**　整体路面是用水泥混凝土或沥青混凝土铺砌而成，平整度较好，耐压、耐磨，便于清扫，适用于大公园的主干道，但它大都为灰色和黑色，色彩不够理想。近年来在国外有铺筑彩色沥青路面和水泥路面，在我国天津新建居民区已采用，效果甚佳。

13. 嵌草路面　把不等边的石板或砼板铺成冰裂纹或其它纹样，铺筑时在块料间预留3—5cm 的缝隙，填入培养土，用来种草或其它地被植物。常见的有冰裂纹嵌草路面、梅花形砼板嵌草路面、花岗石板嵌草路面、木纹砼板嵌草路面等等（图 4-17）。

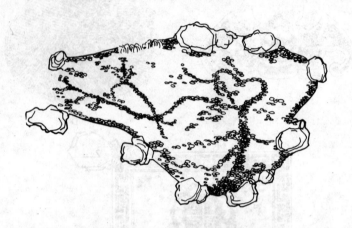

图 4-10　花港观鱼公园梅影坡之图案

14. 草路　路面种草，其优点柔软舒适，没有路面反光和热辐射；其缺点是不耐践踏，且管理费工。

15. 步石　在自然式草地或建筑附近的小块绿地上，可以用一到数块天然石块或预制成圆形、椭圆形、树桩形、木纹形等砼板，自由组合于草地之中，显得自然活泼，与环境十分协调。一般步石的数量不宜过多，块体不宜太小，两块相邻，块体的中心距离应在 60cm 左右（图 4-18）。

16. 汀步（跳石）　汀步是园路在浅水中的继续。园路遇到小溪、山涧或浅滩无须架桥，可设汀步，既简单自然，又饶有风趣。

汀步有拟自然式和规则式两种。拟自然式汀步是利用天然石块，择其有一面较平者筑成的。石块大小高低不一，但一般来说不宜太小；距离远近不等，但不宜太远，最远以一步半为度；石面宜平，置石宜稳，这样既有自然之趣，又有安全感。人在其上跳跃着走而不是跨着走，故又名"跳石"。另一种是预制砼板，形状多样，如圆形、椭圆形、长方形等，每种形状都有大中小之分，

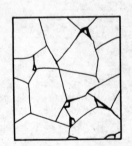

图 4-11　冰裂纹

在用作汀步时，按预定的道路曲线，较自由灵活地安排，左右穿插，疏密相间，生动活泼，令人喜爱（图 4-19 和照片 4-3）。用预制板块做汀步必须贴近水面。规则式汀步则是利用形状大小一致的预制砼板，按道路曲线作等距离整齐排列，能呈现出一种整齐洁净，自由流畅的曲线美。汀步在假山庭园中是山水间连接的方法之一。

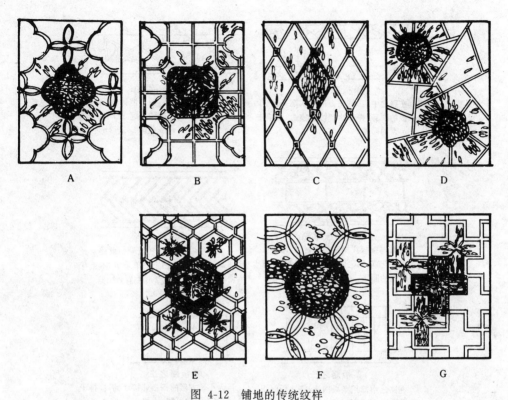

图 4-12　铺地的传统纹样

A. 海棠芝花　B. 四方灯景　C. 长八方　D. 冰纹梅花　E. 攒六方　F. 球门　G. 万字

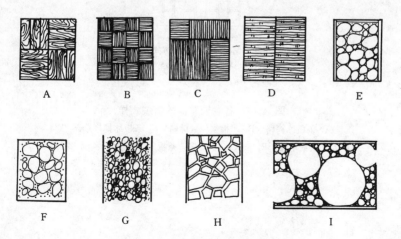

图 4-13　各种预制纹样或图案的砼板示例

A. 彩色木纹砼地面　B. 席纹地坪　C. 拉纹地坪（或墙面）用铣耙拉　D. 砼预制竹纹贴面板亦用于室内

E. 现浇砼路面嵌预制卵形砼板　F. 现浇砼卵形划格路面　G. 卵石路面用大小黑白卵石混嵌

H. 碎大理石白缝路面　I. 卵石与圆形砼板混嵌路面

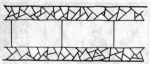

条板冰梅路

在路之中央,铺长方形的水泥条板,于条板的两旁,镶以冰裂纹的狭边,适用于2m宽的园路。

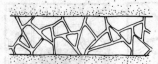

冰梅水泥嵌缝路

在冰裂纹缝之中,用水泥钩缝,水泥可与路面相平,亦可微微突起。过高则行走不便,且易积水。路宽宜1.5—2m。

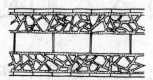

条板冰梅嵌草路

这条路与条板洋梅路相同,仅在冰裂纹缝里嵌种芝草,路之两边,再增埋侧石,宜用于较宽的园路。

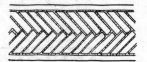

人字纹嵌草路

在人字纹隙缝中,嵌植芝草。此路反光缓和,不刺人目,但图案简单呆板,不免有单调之感。宜用于宽2m左右的园路。

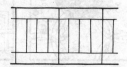

条板路之一

在路之中部用条板横纬,路之两侧用条板横接。图式简洁大方,可用于较宽(3m左右)的道路,人行其上,有清明之感。

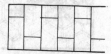

条板路之二

用大小长方形的条板邻接而铺,横排于全路,路面可宽可狭,狭的2m,宽的可达4m左右。

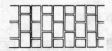

预制水泥块路

用预制水泥块铺路面,方式与前图大同小异。宜用于1.5m至2.5m宽的园路。

图 4-14　各种园路面的铺装式样

A. 条板冰梅路　B. 冰梅水泥嵌缝路　C. 条板冰梅嵌草路

D. 人字纹嵌草路　E. 条板路之一　F. 条板路之二　G. 预制水泥路

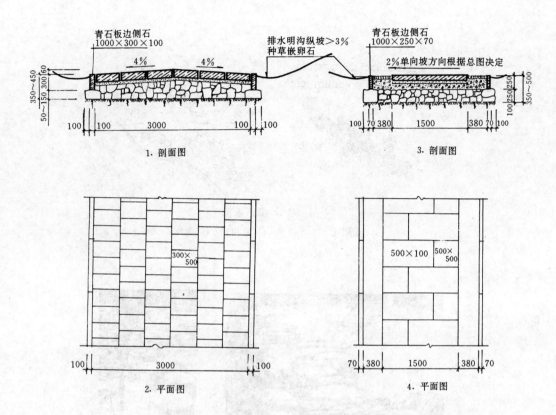

图 4-15　杭州曲院风荷公园园路实例

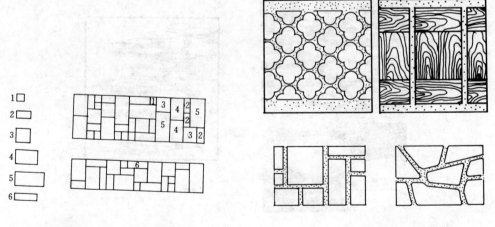

图 4-16　六种预制板构成路面示例

（引自《园林美与园林艺术》p.154，科学出版社，1987 年）

图 4-17　各种嵌草路面示例

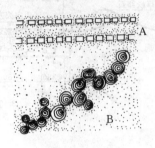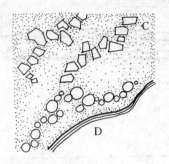

图 4-18 步石示例

A. 规则式　B. 木桩式　C. 自由式　D. 莲叶式

图 4-19 自然式汀步

A. 汀步使池岸与水面得到联系，与彼岸得到空间过渡　B. 人工制成的树桩汀步，使水体与树桩形成对比，具有节奏和动感　C、D. 拟荷叶的汀步漂浮在水面上，增加水面的自然风趣。

第二节 蹬道、台阶、广场

一、蹬 道

在天然岩坡或石壁上，凿出踏脚的踏步或穴，或用条石、石块、预制砼条板、树桩以及其它形式，铺筑成上山的蹬道，前者如黄山天都峰的蹬道，完全由人工凿成，闯皇坡的蹬道是用条石筑成的；后者如湛江花圃的蹬道完全是用砼石构成的（图 4-20）。

传统园林中，多把石级或蹬道与池岸和假山结合起来，随地势起伏高下，此类蹬道若与建筑物楼阁相接，便成了"云梯"（已在第一章第四节中提到）。云梯组合丰富，变化自然，如扬州寄啸山庄东院，将壁山和山石楼梯结合一体，由庭上山，由山上楼比较自然。其西南小院之云梯一面贴墙，云梯下面结合假山花台与地面相接。自楼下穿道南行，云梯的一部分又成为穿道的对景。在云梯转折处，置一立石，古老的紫藤绕石登墙，颇富变化。由此可见，蹬道除了功能要求外，本身也具有景观作用。留园明瑟楼云梯的景名为"一云梯"。云梯呈曲尺形，梯之中段上悬下收，做成山洞，形成虚实对比，使云梯有空灵之感。云梯下面的入口两侧与花台结合，花台中置一峰石，上镌刻"一云梯"三字。在作云梯时须注意，云梯宜藏不宜露，切忌暴露无遗，外观为一完整之假山，并有藤萝掩映，自然成景。

图 4-20　山林蹬道

二、台 阶

台阶就是踏步，与蹬道的作用基本一致，都是为了解决地势高低差的问题。不过台阶有时为了强调主题，使主题升高而筑平台或基座，平台或基座与地面之间也需用台阶过渡。台阶大多与扶手结合，而扶手的形式多样，具有装饰意义。再者台阶本身具有一定的韵律感，尤其是螺旋形的楼梯相当于音乐中的旋律。故台阶在园林中，除它本身的功能外，还具有装饰景物的作用。

台阶造型十分丰富，基本上可分为规则式与拟自然式两类。同时按取材不同，还可分为石阶、砼阶、钢筋混凝土阶、竹阶、木阶、草皮阶等等。

台阶可与假山、挡土墙、花台、树池、池岸、石壁等结合，以代替栏杆，能给游人带来安全感，又能掩蔽露裸的台阶侧面，使台阶有整体感和节奏感，使园林景观增色。

假山石台阶常用作建筑与自然式庭院的过渡，其方式有二：一种是用大块顶面较为平整的不规则石板，代替整齐的条石作台阶，称为"如意踏跺"，另一种是用整齐的条石作台

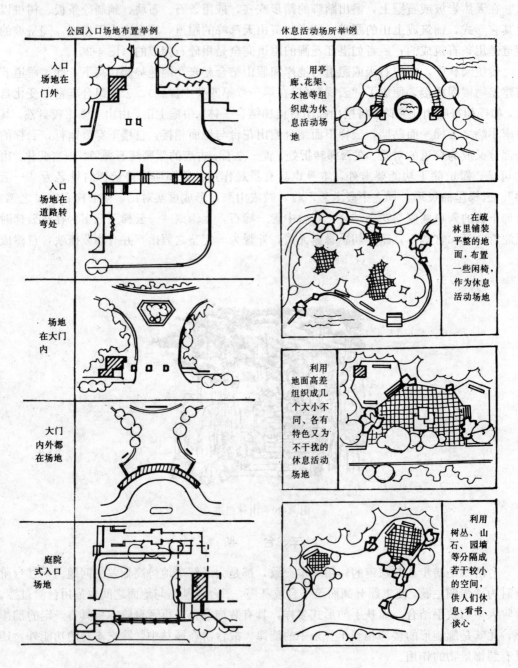

图 4-21　园门入口处的广场与各种休息活动场地的布置示例
（引自《城市园林绿地规划》插图）

阶，用蹲配代替支撑的梯形基座。蹲配的作用相当于朱漆大门前台阶两旁的垂带和石鼓，通常称体量大而高的假山石为蹲，小而低的为配。实际上"蹲"以外，也可立、可卧、可偃，无一定规。台阶每一级都向下坡方向作 20％的倾斜，以利排水。石阶断面要上挑下收，以免人们上台阶时脚尖碰到石级上沿。用小块山石拼合的石级，拼缝要上下交错，以上石压下缝。如果厅堂台基不高时，也可采用斜坡。总之，台阶虽小，但花样繁多，装饰意义不小，结合环境要求，需要认真设计的。

三、广　场

园林中的广场大致有两种功能，一是集散人流，一是活动休息。以集散人流的场地，大多设在出入口内外或大型园林建筑前面，还有在主副干道相交处，有时也有一定面积的广场出现。以休息活动为主的场地，有林中草地、水边草坪、山上眺望台以及由亭廊、花架围合而成的各种休息活动场所。其中有些场所相当于传统园林中的前庭后院中的空场。这些广场不论大小，除了实用功能外，还有很重要的装饰意义。在传统园林中的广场，在其周围常与假山花台、峭壁山等结合，广场铺装与花街的铺装相同。而在现代园林中，则常用砼板进行铺装，在其周围用乔灌木花带等构成闭合或半闭合空间，常用花坛、喷泉或雕塑装饰广场的中心或作成聚景的焦点（图 4-21、照片 4-4）。

第三节　园林建筑

20 世纪 80 年代的中国，园林已进入到融游赏于良好生态环境中的阶段。强调以建立良好生态系统为目标，组成城市绿地系统，进行园林建设。因而在园林中，强调以植物造景为主，园林建筑尽可能减少到最低限度。即使如此，我们不能否认园林建筑曾经在中国园林造景中所起的主导作用，为树立中国园林的独特风格，有其重大功劳。我们也不能否认园林建筑在园林中所起的景观作用和功能作用。园林建筑在国内有着深厚的人民性，深受广大人民喜爱，所以在园林中园林建筑不可没有，但它的重要性已从主导地位退居第二位。什么叫园林建筑？凡在园林绿地中，既有使用功能，又可供观赏的景观建筑或构筑物，统称之谓园林建筑。

一、园林建筑的类型

园林建筑的类型很多，因其使用功能与游赏要求不同，有两种分类方法。

第一种分类方法：

1. 有明显的使用功能，但也要注意游览观赏要求的园林建筑，如办公用房、公厕、餐厅、茶室、展览室、露天剧场等。

2. 有明显的游览观赏要求，起着控制和点缀风景的作用，但也可供短暂休息的园林建筑，如塔、亭、廊、榭、舫、轩等。

第二种分类方法：

1. 服务建筑　茶馆、饭店、厕所、小卖部、摄影服务部、冷饮室等等。

2. 休息建筑　亭、台、楼、阁、观、榭、轩、廊等等。

3. 专用建筑　博物馆、美术陈列馆、办公室、仓库等等。

二、园林建筑的基本单元

中国园林建筑的特点之一是化大为小，融于自然，即竭力避免将各种功能的建筑组织在一幢建筑物内，形成庞大、孤单、笨重的体型，而是采取将不同功能的部分组织在大小、形状不同的建筑基本单元内，如厅、堂、楼、阁、榭、舫、门、亭等，并在建筑造型上突出了各自的性格，然后结合自然环境的特点，因地制宜地用廊、墙、路、庭、台、阶，将它们组合成一个庭院式的建筑组群，风格一致。这正与西方的庭院相反，西方园林建筑比较集中，单体多于群体，类型变化少，在园林内所占的面积比重小，位置显露多于隐蔽，功能上居住建筑多于游赏建筑，在风格上国内外的都有。例如，国外目前流行一种综合的大型单体建筑，名为"游人中心"。它的位置多设在一个公园的主要入口处，内容有饭馆、咖啡馆、阅览室、演讲厅、展览室、问询处、公园办公室、花店（种子、盆花、切花等）、幻灯室、电影室（循环放映科教片）、教室、导游接洽室、书店、邮政柜台、厕所、礼品商店……等。服务范围已经扩大到许多科学普及活动。室内环境舒适美观，也是很好的休息场所，游人购票入内。这个中心即作为入园的前奏，在那里不仅吃喝方便，而且坐在幻灯室内，即可预知该园各处的花讯，广播器轻声细语，随着幻灯片的放映，告诉你当天正在开花的植物名称、地点等，然后入园寻觅胜景就很方便了。游人中心的优点很多：（1）园内不再建造任何建筑，全是植物世界，便于游人尽情地欣赏自然风景；（2）投资一个中心建筑，造价和管理费用都比较节约；（3）游人感到十分方便，许多需要解决的问题都集中地解决了，这对冬季需要采暖的北方地区很适用。

（一）亭　亭是园林绿地中最多见的供眺览、休息、遮阳、避雨的点景建筑。因此它适宜布置在水际、山巅、桥头、路旁。《园冶》中有"亭安有式，基立无凭"之说，意即亭之安置，各有定式，选地立基，却并无准则。因而从位置有山亭、半山亭、沿水亭、靠山亭，与廊结合的廊亭；位于路中的路亭；与桥结合的桥亭；还有专门为碑而设的碑亭。亭的形式更是多样，从平面上分有圆形、长方形、三角形、四角形、六角形、八角形、扇面形等。从屋顶形式分有单檐、重檐、三重檐、钻尖顶、丁顶、歇山顶、单坡顶（如扇面亭）以及摺板顶等。

亭的造型及体量应与园林性质和它所处的环境位置相适应，宜大则大，宜小则小。但一般亭以小巧为宜，体型小，使人感到亲切。正因为其小，才显得环境之大，能起点睛作用。

（二）廊　《园冶》中提到"廊者，庑出一步也，宜曲宜长则胜。古之曲廊，俱曲尺之曲。今予所构曲廊，之字曲者，随形而弯，依势而曲。或蟠山腰，或穷水际，通花渡壑，蜿蜒无尽"。北京颐和园的长廊，中外闻名。廊在园林中广泛应用，其作用除遮荫防雨，供休息外，它还有分隔空间和导游的功能。在景观作用上，通过长廊及其柱子，可作透景、隔景、框景之用，使空间景观富于变化，起到廊引人随，移步换景的作用。

廊依位置分，有爬山廊、廊桥、堤廊等；依结构分，有空廊、半壁廊、复廊以及双层廊；以平面分，有直廊、曲廊和围廊等。

廊的布置应随环境地势和功能需要而定，使之曲折有度，上下相宜，一般最忌平直单调。现代廊的功能作用，已扩大到展出书画或展览动物的廊，如金鱼廊，不过这种廊须有一定宽度，以便参观停留。

绿廊 长者为廊，短者为架（花架），用来攀扶藤本植物，故名绿廊。

（三）榭 《园冶》中谓"榭"者，借也。借景而成者也。或水边、或池畔，制亦随态。意即榭是凭借风景而构成的。或在水边，或在花旁，构造灵活多变。榭在现代园林中应用极为广泛，以水榭居多，临水建筑，用平台深入水面，以提供身临水面之上的开阔视野，如西湖的平湖秋月，是仲秋观景的佳处，较大的水榭，可结合茶室或兼作水上音乐厅或舞厅等。

（四）舫 也称旱船，下部船体系用石制，故又名石舫，上部船舱为木结构，由于象船，但不能动，故亦名不系舟。人居其中，确有置身于舟楫之感，这在古代园林中用之甚多，如北京颐和园的石舫。杭州曲院风荷公园，也建造了一只石舫，颇受群众喜爱。

（五）厅堂 《园冶》中指出："堂者，当也。谓当正向阳之屋，以取堂堂高显之义"。厅亦相似，故厅堂常一并称谓。厅堂是古代会客、治事、礼祭的建筑。坐北朝南，体型高大，居于园林中的重要位置，成为全园的主体建筑。在现代园林中，常用来作餐厅、茶室、书画展览厅等等。并与廊、亭、楼、阁结合，构成以厅堂为主的一组建筑庭园，如杭州的蒋庄、刘庄以及汪庄等。

（六）楼阁 楼与堂相似，只是比堂高出一层。阁是四周都要开窗，造型较轻巧的建筑物。楼阁是园林中登高望远、游息赏景的建筑。如颐和园中的佛香阁、武汉东湖中的行吟阁和位于长江畔的黄鹤楼、洞庭的岳阳楼、扬州瘦西湖的烟雨楼等。但楼阁在现代园林中都用来作餐厅、茶室、接待室用。楼阁在园林中最重要的作用是赏景和控制风景视线，它常成为全园艺术构图的中心，成为该园的标志。

（七）轩与台 轩类似古代的车子，取其空敞而又居高之意；台是保持之意，就是说筑台要高而坚，上面平坦的称为台。轩和台都宜建于高旷的部位，以能登临远眺风景，有助增进景色。

现在常用的园林建筑，一般由以上的基本单元组合而成。但现代园林建筑功能复杂，采用新结构新材料，再加上施工技术的进步，从内容到形式，真所谓变化无穷，已非昔日可比。欲穷其详，请参阅《园林建筑设计》一书（中国建筑工业出版社，1986）。

第四节　园椅、园凳、栏杆

构成园林空间的景物，除山石、水体、动物、植物以及园林建筑五大要素外，还有大量的小品性设施。例如园椅、园凳、照明、雕塑、矮栏杆等等。这些小品不论依附于景物或建筑之中，或者相对独立，其造型取意均需经过一番艺术加工，精心琢磨，方能与园林整体协调一致，为园林增色。如颐和园中的十七孔桥汉白玉的栏杆和造型不仅与桥身配套，而且与皇家的气魄与园林整体气氛，完全协调一致。

一、园椅与园凳

园椅、园凳是供人们坐息、赏景用的。同时园椅和园凳的艺术造型亦能装点园林。园椅在园林绿地中，主要设置在路旁、嵌镶在绿篱的凹入处；围绕林荫大树的树干设置园椅，既保护了大树，又提供了纳荫乘凉之所。园椅可以设置在大灌木丛的前面或背面，为游人提供隔离隐蔽和相对安静的休息谈心场所。园凳可以星散在树林里，有的与石桌配套安放在树荫下，为人们休息、玩扑克、下棋或就餐提供方便。

园椅与园凳的造型宜简单朴实、舒适美观、制作方便以及坚固耐久。色彩风格要与周围环境相协调，高度宜在 30—45cm 左右，过高或过矮均不相宜。制作园椅的材料有钢筋混凝土、石、陶瓷以及木铁等。其中最宜于四季应用的是铁铸架，木板面靠背长椅，石板条或钢筋混凝土制的，虽然坚固耐久，朴素大方，但冬天坐在上面，确有寒冷之感。至于园凳形式丰富而灵活，除常见的正规园凳外，还有仿树桩的园凳、园桌和石凳石桌，结合砌筑假山石蹬道和假山石驳岸，放几块平石块提供休息之用。为适应我国园林中众多的游人，在桥的两边或一边和花台的边缘，用砖砌成高、宽各为 30cm 的边，使它既起到护栏的作用，又为更多的游人提供休息赏景，一举两得。

二、栏　杆

栏杆只是主体的附属品，具有防护与分隔空间的作用。栏杆在绿地中所占比重甚小，但在园林组景中却大量出现，成为重要的装饰小品和边饰。栏杆之所以具有装饰性，原因在于：（1）栏杆的构件是重复出现的，具有横向连续的性质。横向重复必然产生韵律，有方向感和运动感；（2）栏杆受日照影响而具有光影明暗的变化；（3）栏杆的纹样本身与其环境有虚实的对比；（4）栏杆对主体来讲是一个统一因素，能使零乱的绿地得到统一，产生整体感。因此，设计得好的栏杆，确能增加绿地美观，予人以活泼愉快的感觉（图 4-22、照片 4-5）。但在绿地的设计中并不提倡大量应用栏杆，尤其是箭形的矮栏杆，以免伤及游人和儿童。

栏杆高度不一，高者如防护性的可达 85—95cm，悬崖上装置的栏杆，其高度超过人体重心，如黄山清凉台的高栏，其高度约为 1.1—1.2m。坐凳式栏杆，不论其为长凳式还是矮墙式的，均以 40—45cm 为宜（照片 4-6）。

栏杆式样繁多，不胜枚举。形式虽多，但造型原则基本一致。即：（1）增加主体美观；（2）甘当配角，绝不喧宾夺主；（3）所选式样应与环境协调。若主体简单，栏杆式样可稍许复杂，反之，则力求简单。因此，以自然风景为主体，一般多用空栏，有的甚至只用几根扶手，连以链条或金属管，务求空透，不破坏自然风景的整体性，不影响山的气势及其层次，如云南石林、安徽黄山、辽宁千山、陕西华山等风景区，采用的栏杆大多属于此类。高台构筑实栏，游人登高远眺，它可予人以较大的安全感，如桂林芦笛岩洞口的休息平台栏杆。临水亦宜多设空栏，如杭州湖滨公园和哈尔滨斯大林公园的护栏，柱子为钢筋水泥的，扶手为铁链子或铁管子，视线不受阻挡，坐在岸边树下的苑椅上，便能欣赏湖中或江中的波光潋滟。那弧形曲线或直线简洁大方，很有气派。这种护栏适宜低岸近水的湖滨。同样是水体旁的护栏，若供凭栏远眺，宜多用实栏。通常在草地和花坛边缘所设的护栏宜矮，其纹样以简单为佳，否则易产生喧宾夺主之弊。

栏杆的材料选择　制作栏杆的材料有天然石材、人工石材、金属、竹木材、砖等。栏杆的用材与主体的造型和风格有密切关系，什么样的主体选用什么样的材料、造型与风格，一般都根据主体的风格来选择材料和确定形式，如皇家园林中的桥栏杆和天坛周围的栏杆都与主体配套，选用汉白玉石雕刻成的栏杆，光洁如玉。柱头有狮子形、桃形、云头形、荷花形等，精巧至极，既高雅又华贵，非江南园林中的石栏杆所能相比，充分显示出皇家的气派和传统艺术水平。私家园林中大多用花岗石栏杆，具有粗犷、质朴以及浑厚的美感。仿

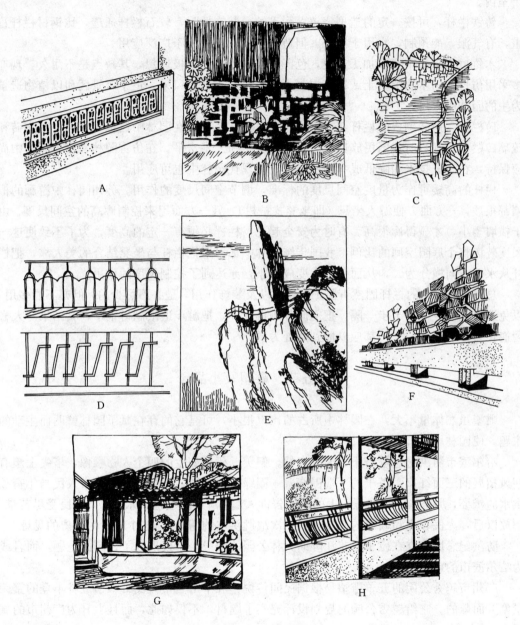

图 4-22 栏 杆

A. 具有质感与色彩对比的玻璃花砖栏杆　B. 光影明暗对比　C. 弯曲的栏杆给人以自由活动的快感

D. 连续的斜线与弧线都有一种运动感和节奏感　E. 黄山飞来峰栏杆　F. 桂林芦笛岩洞口休息平台

栏杆　G. 坐凳式矮槛墙　H. 美人靠与栏杆结合的护栏

制的岩石具有制作自由，造型活泼，形式多样，色彩和质感可随设计要求而定，亦可获得天然石材的效果等优点，广州和深圳两地广为应用。

钢栏杆包括钢管、型钢和钢筋等，此类栏杆造型简洁、通透、加工工艺方便，造型丰富多样，且可作成一定的纹样和图案，便于表现时代感，耐久性好，但易受腐蚀，故多用于室内。

铸铁栏杆，可按一定的造型浇铸，耐剥蚀，装饰性强，较石栏杆通透，比钢材栏杆稳重，有气派，能预制，宜用于室外，但造价昂贵，目前难于广泛应用。

木竹材料来源丰富，加工方便，色泽、纹理、质感均极理想，其缺点是不耐久，现亦多采用仿竹和仿木的混凝土或钢筋混凝土材料，颇具自然风采，适于风景区和以植物造景为主的园林中应用。

砖栏杆　用砖砌成的栏杆花样不少，但由于它笨拙，在园林中已很少采用，但陶砖和琉璃砖栏杆，都具有我国民族风采。显示古文化和艺术水平，在仿古园林和古典园林中尚应保持，在改进技术和降低成本的基础上，在现代园林中也可应用。

栏杆的高矮可作为量度空间尺度的标准，调节空间尺度的作用。苏州园林中游廊的槛墙都很矮，一方面方便游人坐息（即坐凳式护栏），另一方面用来控制廊高的空间尺度。由于槛墙矮小，才显得廊很高。有时为安全起见，栏杆必须有一定的高度，为了不致使这一尺度破坏整个庭园空间的比例，我国传统园林中都采用把栏杆与坐凳结合的美人靠，把栏杆从水平方向横分为二，从而使一大变成二小，亦达到了控制尺度的作用。

总之，园林中的栏杆固然有防护、分隔以及装饰作用，是必不可少的，但亦不能多用，以免造成五步一栏，十步一隔，把空间分隔得太碎，把游步道限制得很窄，其结果令人喜爱逆转为令人厌烦，一切都应以恰到好处为要。

第五节　雕塑及小品

雕塑虽然体量不大，在园林中所占的比重很小，可是它的存在赋予园林鲜明而生动的主题，使园林增色。

哈尔滨市防洪纪念塔塔干上塑有自然、健美、栩栩如生的四个人物雕像，塔尖上塑有迎风招展的三面红旗，塔干的下端围绕着一圈绿色的浮雕，记载着哈尔滨市人民当年奋战洪水的雄姿，那镌刻在汉白玉石上的碑文告诉人们"解放前屡遭洪水危害，市民受尽苦难，解放以后，人民在党和政府的领导下，三次战胜洪水的情景"。这个塔成为历史的见证。

防洪纪念塔建立在位于松花江畔斯大林公园的中段，不仅形成了该园的主题，而且成为哈尔滨市的市标。

广州市越秀公园的五羊雕塑是根据民间传说："五羊给全市人民带来了五谷丰登的繁荣景象"而雕的。它给越秀公园的规划设计充实了题材，不仅如此，而且上升为广州市的城标。

杭州西湖的宝俶塔是实心的，实际上是一座塔雕，以其所在的位置几乎控制了整个西湖范围内的风景视线，给西湖风景增加了主题和带来无穷秀色，也就成为杭州的城标。

园林雕塑大致可以分为四种类型：

1. 人物雕塑　人物雕塑包括有毛泽东、周恩来、郑成功、彭德怀、鲁迅、张衡、白求恩、李时珍、屈原、李太白、杜甫等政治家、军事家、科学家、文学家、诗人等伟大的历史人物；有黄继光、刘胡兰、欧阳海、张思德等英雄人物；有莫愁女、嫦娥等传奇故事或神话故事中的人物；有表现工农兵形象的从生活中提炼出来的典型人物；还有表现以儿童为题材的草原英雄小姊妹、海娃放羊、雷锋与少先队员等人物形象；有表现运动健儿典型形象；还有从生活中提炼出来的，抒情意味很浓厚的人物形象，如哈尔滨市斯大林公园的雕塑"起步"、"小憩"、"跳水"、"抚琴"、"攻读"以及"小鹿你别走，让我再亲亲你"等雕塑，姿态优美，生活气息浓厚，艺术感染力很强，使人感到亲切。

2. 表现动物生动活泼形象的雕塑，例如象征纯洁爱情的白天鹅、善良可爱的梅花鹿、聪敏活泼的海狮，象征延年益寿的丹顶鹤、憨态可掬的国宝——熊猫都是人们喜爱的塑造题材。在日本儿童乐园中的动物形象的雕塑相当于一个动物园，有群象、成群的长颈鹿、马群以及狮虎豹等，还有小动物和小甲虫等，形象生动，色彩鲜艳，不仅增加绿地色彩，而且能使儿童在游玩中增长知识。

3. 以植物为题材的雕塑小品，最常见的有塑成树桩的桌、椅和凳，塑成木桩或竹桩的护栏、护岸、亭、廊等等，做到以假乱真，有的比真的更生动，且坚固持久。

4. 水泥塑山石及其它雕塑小品。我国园林中山石系一种主要造景材料，造型千姿百态、寓意隽永，令人叹为观止。近年来我国园林工作者渐感自然山石的选择和治理，不能满足现代园林需要，因而塑造一种人为的假山石，特别是那些构成园林小景的湖石、钟乳石和木化石等。它的优点可以根据造景需要，随意塑造，比真石更深一筹。这在广州的庭园中应用颇为广泛，效果很好。

5. 冰雕雪塑已成为东北各地冬季园林的特色，每年组织评比。

6. 表现我国珍贵文物的雕塑，如安徽芜湖城市绿地中的"龙虎樽"。

园林雕塑小品包括各种几何型体的雕塑，如垃圾箱、饮水池、洗手钵、花盆、花瓶、花篮等等雕塑，可以用来装点门柱、墙柱和花坛中心。

雕塑应用于城市绿地系统，需要通盘考虑，合理安排，避免题材重复和喧宾夺主。雕塑题材要服从整个景区的主题思想和意境要求，而绿地的规划设计又要服从于雕塑题材，这样才能相互衬托，相得益彰。

园林雕塑的题材、形式和手法历来不拘一格，有纪念性的大型园雕和组雕，有装饰性的雕塑小品，还有浮雕和透雕等；从材料分有石雕、钢雕、铁铸、铜雕、水泥雕塑，还有冰雕雪塑；刻划的形象可自然可抽象；表达的主题可严肃、可浪漫。不论是何种雕塑都必须结合绿地环境来考虑，要有创新精神，避免雷同，才能在园林绿地中创造出真正具有生命力的艺术作品（照片 4-7）。

第六节　照明设备

园林绿地的照明设备具有白天装饰、夜间照明和引导游人以及增添夜景的作用。特别是灯光照射到水面上，波光涟影，别具一番情趣。由于园林绿地的类型很多，风格各异，内部设施又极丰富，因而对照明提出各种不同的要求。

园灯可分为三类：第一类纯属引导性的照明用灯，使人循灯光指引的方向进行游览。因而在设置此种照明灯时应注意灯与灯之间的连续性；第二类是组景用的，如在广场、建筑、花坛、水池、喷泉、瀑布以及雕塑等周围照明，特别用彩色灯光加以辅助，则使景观比白昼更加瑰丽；第三类是特色照明。此类园灯并不在乎有多大照明度，而在于创造某种特定气氛。如我国传统庭园和日本庭园中的石灯笼，尤其是日本庭园中的石灯笼，已成为日本庭园的重要标志。杭州西湖中的"三潭印月"，每当中秋佳节的夜晚，月明如洗，亮着的三个石潭，在湖面上出现了灯月争辉的奇丽景色（照片 4-8）。在北京颐和园内乐寿堂的什锦灯窗，给昆明湖的夜景凭添几分意趣。

园灯的造型灵活多变，不拘一格，凡有一定功能，符合园林风格和装饰性的均可采用。但除具有特殊要求的灯具外，一般园灯的造型应格调一致。现在有些园林中的一般园灯造型五花八门，给人一种零乱的感觉。

在室外作远距离欣赏，或观赏光的效果的灯，造型宜简洁质朴，灯杆的高度与所在空间的景物要配置恰当。位于室内的装饰灯具有近观性质，因而要求造型精巧富丽。诸如我国传统的宫灯、花灯、诗画灯、彩灯和现代的壁灯和吊灯等。

在现代园林中还采用一种地灯，地灯很隐蔽，只能看到所照之景物。此类灯多设在蹬道石阶旁和盛开的鲜花旁，草地中，亦有用在游步道上的，总之安排十分巧妙，灯的各种造型请参考图例。

美国纽约中央公园的灯柱编了 4 位数字的号码，前面二位数字是最近的出入口号数，后面二位是距离该门多少远。该园出入口一共 25 个，都以附近的街号为名，如 7230，表示 72 号街的出入口，距那里还约有 9m，使游人不致迷失路途，所以还可利用园灯起指路的作用。

第五章　植物造景

第一节　园林植物艺术配置理论的形成与发展

中国是世界文明古国之一，在几千年持续发展的过程中，孕育出源远流长的中国园林体系，同时还在继续孕育一枝以园林植物造景为主体的艺术奇葩。

古代的苑囿是专为帝王游猎而设，风物多取自然，人工设施极少，谈不上植物配置。

春秋战国时期，吴王夫差造梧桐园（在吴县）和会景园（在嘉兴），园内"穿沼凿池，构亭营桥，所植花木，多茶与海棠"。可见当时园内已有花木栽培。

秦汉建筑宫苑重在建筑，如《三辅黄图》记载："阿房宫……规恢三百里，离宫别馆，弥山跨谷，复道相属"。此种宫苑建设影响及于整个封建时期，甚至我国现今的园林建设仍有重于建筑者。

汉代宫苑有了进一步发展，据《汉书归仪》载："上林苑中广长三百里，苑中养百兽，天子春秋射猎苑中，取兽无数，其中离宫 70 所，容千乘百骑。苑中奇花异树两千余种"。由此可见，此时的情趣已不仅在动物，也注意到了植物。

在魏晋至南北朝的 360 多年里，中国处于大动荡、大混乱时期，中国知识阶层为避免战乱而崇尚隐逸，向往自然，寄情于山水。反映到园林里，出现了自然山水式园林风格，魏·张伦造景阳山于华林苑中，"重岩复岭，深涧洞壑，高林巨树，悬葛垂萝，崎岖石路，涧道盘行"；又如西晋·石崇建有金谷园，《自序》说："余有别庐在金谷涧中，清水茂林，众果、竹、药物具备，又有水礁鱼池"。可见当时高林巨树，悬葛垂萝，花果茂林之胜已反映到园林之中。还有《南方草木状》一书，记载了各种花木的产地、形态和花期。到隋唐开始有专类性花园，也有了《园林草木疏》和《手泉山竹木记》等著作。至此，人们的情趣已经由动物完全转向山水和植物。

六朝时期的山水园林风格进而发展为唐宋时期的写意山水园林，到明清时期，这种风格已臻成熟。写意山水园林要求植物配置自然，但不是自然主义，而是"虬枝古干，异种奇名，枝叶扶疏，位置疏密，或水边石际，横偃斜卧，或一望成林，或孤枝独秀"，务求树木姿态和线条显示自然天成，又要表现绘画意趣。由于园林建筑在园林中所占比重甚大，再加上假山和水池充斥其间，从总体而论，植物在园林中仍处于配角的地位，仅起点缀作用。

在长期实践中，古人摸索出一套园林植物配置的传统手法：

（一）古人根据建筑和山水环境特点，结合植物生态习性和风韵美配置植物　如明计成《园冶》一书中提到的："围墙隐约于萝间，架屋蜿蜒于木末，竹坞寻幽，……梧阴匝地，槐荫当庭；插柳沿堤，栽梅绕屋；结茅竹里"（园说篇），"杂树参天，……繁花覆地"（山林地），"院广堪梧，……芍药宜栏，蔷薇末架，不妨凭石，……窗虚蕉影玲珑，岣曲松根盘礴"（城市地）等等。清代陈淏子在《花镜》一书中叙述更为详尽，如花之喜阳者，引东旭而纳西辉；花之喜阴者，植北囿而领南薰"。"牡丹、芍药之姿艳，宜玉砌雕台，佐以嶙峋怪石，修篁远映。梅花、蜡瓣之标清，宜疏篱竹坞，曲栏暖阁，红白间植，古干横施。桃花夭冶，宜别墅山隈，小桥溪畔，横参翠柳，斜映明霞。杏花繁灼，宜屋角墙头，疏林广榭。梨之韵，李之洁，宜闲庭旷圃，朝晖夕霭；榴之红，葵之灿，宜粉壁绿窗，……荷之肤研，宜水阁南轩，使薰风送麝，晓露擎珠。菊之操介，宜茅舍清斋，海棠韵娇，宜雕墙峻宇，障以碧纱，……木樨香胜，宜重台广厦，……紫荆荣而久，宜竹篱花坞。芙蓉丽而闲，宜寒江秋沼。……梧竹致清，宜深院孤亭，……至若芦花舒雪，枫叶飘丹，宜重楼远眺。棣棠丛金"等等。

（二）古人重视植物的观赏特性 《花镜》中提到"因其（植物）质之高下，随其花之时候，配其色之深浅，多方巧搭，虽药苗野卉，皆可点缀姿容，以补园林之不足，使四时有不谢之花，方不愧名园二字"。北宋欧阳修诗："浅深红白宜相间，先后仍须次第栽，我欲四时携酒去，莫教一日不开花"。杭州西湖苏白二堤的桃红柳绿就是园林中色彩搭配的实例，即所谓的"溪湾柳间栽桃"（《园冶》郊野地）。以上说明我国传统园林植物配置不仅注意到花卉色彩的搭配，而且还重视先后花期的衔接。除了观花外，还重视观果、观叶、闻香和听声，如苏州拙政园中的"枇杷园"，突出绿叶金果的景观，留园的"闻木樨香轩"，突出花香，承德避暑山庄的"万壑松风"一景，突出松涛声，北京香山黄栌，突出红叶秋色。

（三）古人在布置植物时，常把植物材料的生态特性和形态特征作性格化的比拟和联想 如"梅标洁，宜幽清，宜疏篱，宜峻岭"；"松柏骨苍，宜峭壁奇峰，藤萝掩映"；喻松、竹、梅为岁寒三友，梅、兰、竹、菊为四君子；喻荷花为"出淤泥而不染，濯清涟而不妖"的君子等等，引起人们移情联想。

（四）古人在园林配置树木上提出"贵精不在多"，花木以孤植或三、五株丛植为主 孤植以色、香、姿具全者为上品，两株一丛中必一仰一俯、一左一右、一老一少等等，在体型大小和姿态上要有差异，要互相呼应，顾盼有情；多株栽在一起，忌三株成行，宜呈不等边三角形，要有主从，要有疏密；两株对植，务求均衡等理论。

（五）古人善用岩石结合假山砌筑花台 如花港观鱼公园牡丹园内的牡丹花池，在其中种植名贵花木，既有利于排水，又因土层深厚肥沃，使花繁叶茂。由于花木位置升高，更能显示其观赏特性。

（六）古人还重视装缘植物和植物与岩石的结合 如用书带草 [*Ophiopogon japonicus* (L. f.) Ker-Gawl.]、吉祥草 [*Reineckia carnea* (Andr.) Kunth] 等镶在台阶两侧、路缘、花台边以及岩石基部、洞穴与缝隙之中，用攀援植物如络石 [*Trachelospermum jasminoides* (Iindl.) Lem]、薜荔 (*Ficus pumila* L.)、扶芳藤 [*Euonymus fortunei* (Turcz.) Hand-Mazz.] 等贴附其上（照片 5-1）。

（七）古人很重视藤本植物的应用 如"高林巨树、悬葛垂萝"、"蔷薇障锦、宜云屏高架等"。在苏州拙政园门庭中便有一架紫藤，相传为明朝文征明手植，不仅有很高的观赏价值，还有很高的文物价值。蔷薇 (*Rosa multiflora* Thunb.)、木香 (*Rosa banksiae* Ait.)、紫藤 [*Wistera sinensis* (Sims) Sweet] 以及凌霄 [*Campsis grandiflora* (Thunb.) Loisel] 等藤本植物在古典园林中应用极为普遍。

以上所述，植物配置的各种手法一直沿用至今，并已被上升为理论。

在我国处于殖民地半殖民地时期，上海租界地出现了几个西洋风格的园林和绿化较完善的"花园城市"，有行道树、街心花园和公园等公共绿地。园林绿地的规模扩大了，所包括的内容也丰富了，城市中的园林植物除供观赏外，还增添了环境保护意义。至此，我国园林植物的选择和配置艺术，在传统配置理论的基础上有了新的发展。主要融进了欧美植物配置的基本理论和手法，在风格上有孤植、对植、列植、丛植、群植、风景林、草坪、地被植物、花坛、花池、花台、花境、花地、基础栽植和垂直面绿化等等，使我国配置理论逐渐充实和提高，起到了承上启下的作用。

19世纪后期，西方提出了"生态系统"的理论，指出这个系统是人们赖以生存的一切，要以生态学为依据，取得人与自然的协调。西方的生态学观点在世界上产生了深远的影响，也及于我国，因而在园林界提出"园林应以植物造景为主"和"融游赏于生态环境之中"的口号。亦即应用生态学观点研究植物艺术配置的理论。

总之，最近几十年中国园林的生态学观点有了很大发展，这一发展使我国园林植物艺术配置理论上升到一个新的阶段。

如今，园林应以植物造景为主的口号虽不会受到反对，但不能忽视两千多年习惯势力的影响，全面贯彻还需要时间。

第二节　植物艺术配置在园林景观上的作用

植物是构成园林景观的主要素材。有了植物，城市规划艺术和建筑艺术才能得到充分表现。由植物构成的空间，无论是空间变化、时间变化和色彩变化，反映在景观变化上，是极为丰富和无与伦比的。由植物构成的环境，其质量与美学价值都能与日俱增，尤其体现在由乔木构成的环境上。树木愈大，环境效益也愈大，美学价值也愈高。乔、灌、草结合所构成的环境质量与美学价值就更高。因此，植物景观是园林景观的重要方面，例如：

1. 可利用植物本身的色、香、形态和季相变化作为园林造景的主题，可利用不同植物的色相配合组成瑰丽的景观。

2. 用植物陪衬其它造园题材，如地形、山石、水系、建筑和构筑物等，能产生生气盎然的画面。

3. 可利用植物作夹景，制造透景线，也可利用植物构成框景、漏景、前景、背景和障景等等，起屏俗收佳的作用。

4. 用植物配合地形分隔空间，增加层次和深度。

5. 利用植物配置的各种手法，创造出幽朗、藏露、动静、虚实、开合收放以及色彩等对比效果，由此产生不同意境。

6. 利用植物的"可塑性"，形成规则和不规则的各种形状，表现出各种不同的园林风格。

第三节　植物配置艺术与园林风格

园林的规划形式决定了园林植物的配置艺术，不同的配置艺术将产生不同的园林风格。法国和意大利的古典园林主要采用对称整齐栽植，把常绿乔灌木和花卉修剪成各种几何形状或构成地毯式模纹花坛，从而形成园林的特殊风格。我国古典园林的植物配置是不规则的，力求自然与绘画意趣，在形成我国园林风格中起到了特殊作用，在世界上是独树一帜的。

由于东西方文化艺术沟通，必然带来相互影响。这种影响极为深刻，致使西方古典园林风格向风致园发展。而以植物造景为主的西方园林特点也逐渐向我国园林渗透，例如杭州蒋庄以及整个西湖风景区早已不是典型的中国古典园林风格了。这种渗透尤其反映在50年代出现的一些园林中；如杭州花港观鱼公园，在园林地形的改造上，汇集了国内外园林之长，具有英国式园林地形丘陵起伏的特点，池岸采用假山石与草坡结合，水边适当布置一些水生及沼生植物，岸上种一些攀援或匍匐的植物如紫藤、黄馨（*Jasminum odoratissimum*，L.）、匍匐月季（*Rosa multiflora*，Thumb.）、木香等。园内既有体现西方风格的雪松大草坪，又有日本风格的牡丹园，也有体现民族风格的观鱼池。游人在同一个园中能欣赏到不同风格的情趣。杭州植物园与华南植物园都是以研究植物及普及植物知识为目的的，但它们都利用了造园手法进行植物布局，具有美丽的园林外貌和引人入胜的植物景观，充分显示了中西方两种风格融揉而成的，具有时代气息的园林风格。其中较典型的例子是杭州植物园分类区的构图中心，"植园春深"周围的植物配置，在池的一侧配置了一组高耸的水杉（*Metasequoia glyptostroboides*，Hu. et Cheng.）和池杉（*Taxodium ascendens* Brongn.），它与水下倒影构成了一幅具有浓郁西洋画趣味的画面，而与之相对立的另一侧，在假山石旁配置了黑松（*Pinus thunbergii* Parl.）、梅花（*Prunus mume* Sieb. et Zucc.）、白玉兰（*Magnolia denudata* Desr.）等，纯粹是一幅国画，这两幅画面出现在同一个空间，却并没有使人产生任何不协调的感觉，相反，使得园林空间更加生动活泼，成为该园最吸引游人的中心。西方园林植物造景的长处融进了我国园林，使我国园林风格发挥得更加完美，更能适应现代园林综合功能的要求。现代园林植物配置艺术的特点是：

1. 充分发挥地被植物的作用，做到黄土不见天。

2. 大量种草，建立草坪，使园林洁净明朗。在不具备挖池条件的地方，用草坪代替水池，也可取得开阔明朗的效果。尤其在住宅区内，建立草坪比水池更为适宜。

3. 大面积的园林常大量植树造林、配置人工群落，充分发挥植物群落的作用，只有在重点的地方，才精雕细琢，追求植物的个体美。

4. 培养林荫大树，一是为了蔽荫，二是构景需要，三是给子孙后代留下古树名木，作为历史的见证。园林中的老树和古藤都是岁月流逝的痕迹，颇具有历史的魅力。

5. 增设疏林草地和林中草地，作为群众户外活动的良好场所。

6. 为了丰富园林色彩，除了开花的乔灌木外，充分发挥草花在园林中的作用，使得园林内开花不断，五彩缤纷。

7. 大量应用攀援植物作垂直面绿化，构成绿屏、绿廊和花架，并用它攀援墙面、电线杆、岩石以及崖壁上，起到美化环境，增强绿化效益，弥补空间缺陷等作用。

8. 广泛应用基础栽植缓和建筑线条，丰富建筑艺术，增加风景美，并作为建筑空间向园林空间过渡的一种形式。

第四节 人工植物群落景观

人工植物群落景观不论是植物艺术配置的传统手法，还是近代的植物艺术配置都已有许多成功的例子和丰富的经验可以总结，但有意识地用生态学观点进行植物配置的实践还不多见，而景观生态中首先着重的是植物群落景观。

植物群落在一定的地块上随时间而演替。一块完全没有植物的裸露地，若任其自然演变，达到生态群落的顶极时期大约需要 1000 年，此后若受到天灾人祸的破坏，则第二次完成演替仅需 200 年左右，若在人为干预下，则仅需数十年。在自然界大体相同的条件下，会出现大致相同的植物群落，在不同的条件下就会产生不同的植物群落，于是出现不同的植物群落景观。这种群落景观有稳定性，这正是我们用生态学观点进行植物配置和营造人工植物群落的依据。我国值得模拟的自然群落景观有：

（一）**草地景观** 草地是草本植物群落的泛称，它既包括了草原，也包括了草甸，都是放牧的基地。

草原是指温带半干旱气候地区，旱生或半旱生的多年生草本植物群落。典型的草原，有明显的季相变化，主要的种属为某些旱生的窄叶禾本科丛生草，例如羽茅、隐子草、狐茅等，和部分根茎禾草、薹草、混杂其它旱生双子叶草本植物及旱生灌木、半灌木，没有或稀有乔木，分布于我国黄土高原的草原，以及亚欧大陆中部其它地区和北美洲、南美洲的草原都属之（摘自辞海 576 页）。

草甸是指分布在气候和土壤湿润、无林地或林间地段的多年生的中生草本植物群落，可分高山草甸，多由花色鲜艳的矮小草类（如龙胆、报春花等高山植物）所构成，亚高山草甸，以中生的禾本科高大草本和其它双子叶草本为主；低地草甸，多分布于泛滥平原，主要是阔叶、走茎的多年生禾本科高草，蓼科、毛茛科种类也常占较重要的地位；森林草甸是林间空地上的草本群落（摘自辞海 576 页）。

所以说，草地景观应是草原景观和草甸景观的总称。一望无际的大草地，呈现出一派牧场风光，每到开花季节，五彩缤纷，绚丽灿烂。人工的缀花草地、丘陵起伏的大草坪以及岩石园都是草地风光在园林中的反映。

（二）**五花草塘景观** 在大小兴安岭，丛山环抱的低洼地，土壤湿润而肥沃，野花丛生，盛花期间，构成色彩斑烂的五花草塘。西方的沼泽园就是对五花草塘的模拟。

（三）**大面积花地景观** 在美国东北部，柳兰花（*Epilobium angustifolium* L.）曾象地毯一样覆盖着整个火烧迹地，面积之大，可达数十公顷，成为世界奇观。柳兰花地在我国甘肃、陕西、黑龙江、吉林等林区也屡见不鲜。黑龙江省五大莲池风景区内成片的黄花菜（*Hemerocallis citrina*）和毛百合花（*Lilium dahuricum*），大小兴安岭沿林缘绵延不断的铃兰花（*Convallaria majalis*, L.）以及青岛市附近山上大面积的大花金鸡菊（*Coreopsis grandiflora* Hogg.），都是大自然中的天然花地景观。

（四）**针叶林景观** 针叶树的种类很多，形态丰富，各具特色。我国古代造园中有用常绿针叶树组成著名景观的，如"万壑松风"和"听涛"等。在现代园林中，广州华南植物园的南洋杉林（*Araucaria cunninghamii* Sweet），在蓝天白云的映衬下，英姿焕发；生长在水边的落羽杉林，挺拔高耸，倒映入水，景色显得如此深沉和幽静，杭州西湖西南角上高耸的水杉林打破了西湖苏白二堤平缓无奇的天际线，使西湖景色在柔和中凭添几分英气。花港公园大草坪周围的雪松 [*Cedrus deodara* (Roxb) Loud.] 林，显得十分雄健；在杭州植物园的裸子植物区，那苍松翠柏成为植物园中最佳的去处。新疆天池的云杉（*Picea obovata*, Ledeb.）林，吉林长白山的美人松（*Larix olgensis* Henery）林，安徽的黄山松林，浙江天目山的柳杉（*Cryptomeria fortunei* Hooibrenk et Ottoet Dietr.）林等，凡有针叶树或针叶林所构成的景观都令人赞赏不已。

（五）阔叶林景观　阔叶林有常绿阔叶林、落叶阔叶林和针阔混交林三种类型。本类型繁多，尤多混交林，种类不胜枚举，各有不同的观赏价值。

1. 著名的落叶阔叶纯林　此类林型有明显的季相变化，是温带和寒温带景色的特点。如北京香山的黄栌（*Cotinus coggygria* Scop.）、杭州夕照山的乌桕（*Sapium sebiferum* Roxb.）、长沙岳麓山的枫林，这些纯林都呈现出霜叶红于二月花的秋色。除红色之外，还有银杏、金钱松 [*Pseudolarix amabilis* (Nelson) Rehd.]、无患子（*Sapindus mukurossi* Gaertn）、白桦（*Betula platyphylla* Suk.）、杨树类（*Populus* L.）、水曲柳（*Fraxinus mandshurica* Rupr.）、核桃楸（*Juglans mandshurica* Maxim.）等，每到秋天呈现一片杏黄色，在阳光照耀下，金光灿灿，眩人眼目。还有一些树种如枫香（*Liquidambar formosana* Hance.）、柞栎（*Qurcus mongolica* Fisch）等，每到秋天呈现的色彩间于红黄之间，深浅浓淡十分丰富。鸡爪槭（*Acer palmatum* Thunb.）中的一些品种四季都呈红色。紫叶李（*Prunus cerasifera* var. *atropurpurea* Jaeg.）常年都呈紫红色。梅（*Prunus mume* sieb. et. Zucc.）林在开花季节构成香雪海，踏雪寻梅者纷至沓来。杏花（*Prunus armeniaca* L.）繁灼、梨花（Pyrus Linn）淡雅，樱花（*Prunus serrulata* Lindl.）明媚，西府海棠（*Malus micromalus* Makino）艳丽。这些著名的落叶阔叶纯林当推首位。

2. 常绿阔叶林　本类型无明显的季相变化，常年绿色，是典型的热带与亚热带森林景观。林相整齐、浓密、略呈波状起伏。群落结构有乔木、藤本（木本或草本）、灌木以及草本地被植物。树木的透光度决定了层次的厚薄和疏密。

3. 针阔混交林　本类型所呈现的景观效果虽没有纯林那样纯朴，但由于色彩、明暗、浓淡以及体型和线条上有对比，使景色更富于变幻，饶有野趣。著名的针阔叶混交林有黑龙江省的白桦落叶松林、红松椴树林和云杉桦树林；有浙江省浙北山地以马尾松为主的针阔混交林等。

（六）竹林景观　我国人民对竹子有深厚的感情，认为竹子未出土时先有节，到凌云处亦虚心。苏东坡曰"可使食无肉，不可居无竹，无肉令人瘦，无竹令人俗"。竹子的风韵美十分令人赞赏，例如杭州云栖和浙江莫干山都是因竹而闻名遐尔的，前者成为风景名胜，后者成为避暑胜地。

（七）热带雨林景观　在热带雨林的参天大树下，蕨类丛生，树上藤萝缠绕，生于树干的各种气生兰和仙人掌科的蟹爪兰（*Zygocactus truncatus* (Haw.) K. Schum.）、昙花（*Epiphyllum Oxypetalum* (DC.) Haw.）、量天尺（*Hylocereus undatus*）等等，构成了热带雨林景观的特点。

（八）棕榈科（Palmae）植物景观　无论是乔灌木都呈现出热带风光，如华南植物园的棕榈科植物构成的景观，成为全园的胜景。

（九）**孤立树景观**　大自然中常见到一些孤立大树，如两广的大榕树，浙江的大樟树和千年古银杏，云南的桉树等等。这些树生长在空旷的原野、山坡、村头、地边、路旁、桥头和溪边等处。孤立树的景观价值大大超过它所提供的蔽荫价值。但很多古树名木除了存在于寺院和陵园者外，大多出现在上述这些地方，为农民或路人提供荫凉，故得以长期保存下来。

（十）**林缘景观**　风景林的林缘呈港湾状曲线；风景林的林冠线则随树种不同和随地形起伏而变化，因而林缘线和林冠线都具有韵律感。林缘大多与大面积的草地相接，山花延伸到远方，这种景观也是美不胜收的。

（十一）**溪涧植物景观**　沿着山涧和小溪两岸的植物富于变化，富有诗情画意，四季景色迷人。

（十二）**小路植物景观**　如杭州孤山上的林间小路，两边林木高耸，林下半耐荫和阴性小乔灌木以及地被植物，形成植物群落景观。又如沿着杭州虎跑和九溪的溪涧小路，山湾水绕，水环山抱，小路回旋其间，景色万千，山上林木葱葱，崖壁青翠，水边野花丛生，芳草如茵，野趣天成，其妙无比。凡林中穿路，竹中通道，花中取径，地势起伏，小路蜿蜒曲折，能取得景色多变，移步换景的作用。

（十三）**崖壁植物景观**　这是大自然中有生命的植物与无生命的岩石结合的一种奇特景观。它是树桩盆景艺术取之不尽的源泉，是中国假山园摹拟的对象。其景观特点是：在阳面的崖壁上悬垂的乔木，如松柏类，姿态奇特，冠形层次分明，老根盘裸于崖壁与岩石缝隙之中，悬垂的灌木如杜鹃，盛花时灿若云锦。在崖壁上无论是乔木或灌木，身虽悬而头不低，依然昂首蓝天。由于它这种非凡的气势，产生了撼人心灵的景观效果。在阴面的崖壁上长满了各种苔藓和蕨类，藤萝攀扶，满目苍翠，给无生命的岩石以蓬勃生机。

自然界的植物景观远不止此。上述各种景观无不是在一定的生境中形成的。当我们要在风景名胜区和园林中有意识地创造某些景观时，必须研究形成这些景观的植物的生物学特性及生态条件，因地制宜、因情制宜地为这些景观创造一定的生境，否则难以达到目的。偌大面积的杭州植物园仅用 30 年左右的时间已形成了相当好的森林生态环境。植物园中的药用植物园是人工形成生态群落的一个极为成功的例子。在无林地上营造森林群落景观应根据植物不同的耐荫程度，根系分布情况和林相来配置植物，但必须先选择生长迅速的适生树种作为先锋树种，构成一定的生境，然后逐一按群落结构要求，层层配置计划树种。

植物群落与景观效果的关系是：

1．天然植物群落的种群越复杂，保持生态平衡的作用越强，稳定性亦较强，即使受到病虫伤害，恢复亦快。纯林抗病虫害的能力较混交林弱，一旦遭遇病虫害，蔓延开来，甚至全军覆没。如为人工群落，树种的搭配要恰当，否则，种间竞争的结果，仍为纯林。从艺术构图出发，人工植物群落要有主景树种，主次分明。

2．构成植物群落的上层树冠透光度愈大，下层层次愈丰富，愈富有野趣。

3．种群复杂的植物群落，虽然富有野趣，但其游赏价值却往往不如种群简单的或单纯的为高。

4．森林植物群落密度愈大，游赏效益愈低。人工植物群落要注意密度，因为不论是纯林还是混交林，种内和种间都存在着生存竞争的问题，为了保持森林植物群落的相对稳定，密度小的较密度大的为强，游赏价值亦较高。

我国园林艺术的指导思想是"师法自然"，做到"虽有人作，宛自天开"。我国园林所追求的自然是人化的自然，即艺术化的自然。植物配置艺术是园林艺术的重要方面，因此，植物配置也要做到本于自然，效法自然，高于自然。用生态群落观点造景与这个指导思想是吻合的。植物生态群落景观的多姿多彩完全可以独立成景，对大面积园林绿地和风景名胜区的植物造景，在平面布局和空间构图上都要结合地形、地貌和生态环境，因地制宜地布置各种人工群落，使组合之间谐调一致，犹如天成。用人工群落构成幽朗、藏露、动静、虚实、开合、收放等大小不同的空间，做到密而不见拥斥，疏而不见空旷，无一目穷尽之感，却有引人入胜之妙。植物配置的立体结构向多层次发展，摹拟自然界较稳定的植物群落结构、风貌和色彩，才能充分发挥植物的生态效益和景观效益。

总之，园林植物配置艺术的理论是随园林事业的发展而逐渐形成的，并且还要继续得到充实和提高。在我国建筑造园的时代即将成为过去（并不排斥园林中的必要建筑，包括点景建筑），用植物造园，植物作为主角出现在我国园林中的时代已经开始。祖国的山河、名胜古迹、城市和乡镇将更加绚丽多姿（附人工生态群落照片 5-2）。

第五节　园林植物艺术配置

园林植物配置是植物造景的基本技艺，它不同于纯功能性的农田防护林带或纯经济用途的人工林、果园、苗圃以及花圃等等，它的不同就在于艺术两字。园林植物配置包括两个方面：一方面是各植物之间的艺术配置，另一方面是园林植物与其它园林要素如山石、水体、建筑、园路等相互之间的配合。在部署植物，配置植物时上述两方面都应考虑。要根据绿地的性质、立地条件、规划要求、各类植物的生态习性和形态特征（包括冬态）、近期与远期的、平面和立面的构图、色彩、季相以及园林意境等，因地制宜地配置各类植物，充分发挥它们与功能相结合的观赏特性，创造良好的生态环境，求得植物与植物之间，植物与环境之间的最大协调。

一、选择植物的原则

1. 以乡土树种为主，外来树种为辅，尤其是乔木，这并不意味着对外来树种的排斥。充分应用乡土树种，不仅树木生长繁茂，而且具有浓郁的地方特色。

2. 积极引种驯化，丰富当地树种，如杭州的悬铃木、雪松、广玉兰和龙柏等都是外来树种，通过近百年的栽培，证明确实在我国许多地方都能良好生长，深受群众喜爱，可以在植物配置中广为应用。

3. 以乔木为主，乔、灌、草以及花卉相结合。

4. 植物配置所形成的风格必须与园林规划风格相一致。

5. 植物的布局和配置，务须考虑植物的生物学特性和生态要求，做到因地制宜，因情制宜，适地适树。

6. 要自觉地运用生态学观点去配置植物，要重视植物人工群落的稳定性，在选择植物和确定配置密度上都要予以慎重考虑。

7. 要根据构景要求进行配置，如作主景、配景、背景、前景、隔景、漏景、框景、夹景、障景等等，由于构景要求不同，在选择和配置植物时，也有所不同。

8. 植物与建筑、构筑物、道路、广场、山石、水体的结合，务求与环境协调，甘当配角。

9. 要考虑植物的时空变化和植物之间相互消长的关系。

10. 植物造景是空间造型艺术，要在空间构图上符合造型艺术的艺术规律。

二、植物配置的基本技艺

（一）木本植物配置　分规则式、自然式和混合式三种类型：

1. 规则式配置　规则式配置强调排列整齐、对称、有一定株行距，给人以雄伟、庄严和肃穆的感受，例如天安门广场上毛主席纪念堂后面的油松林；排列整齐，取得了上述效果。规则式配置方法简单易行，便于群众性养护管理，在北方广为采用，其方法是：

（1）对称配置　所谓对称配置，是指在轴线的两侧把树木作对称栽植。对称配置的关键在于有一条轴线，轴线两侧所栽的乔木和灌木，其品种、体型大小以及株距都应一致。对称配置在艺术构图上是用来强调主题的，作主题的陪衬。常用于厅堂、大殿以及公共建筑大楼前两侧，行道树也可算对称配置。

（2）列置　列置是将同种的同龄树木按一定的株距进行行植或带植。株距小时，树木相互关系紧密，形成整体，起到屏障效果，封闭性很大，可用来分割空间和组织空间，把两树列交错栽植，如三角形、五角形栽植，可以增加树列的厚度，同时更增加了空间的封闭性。此种配置方法要求树种简单，以一种至多两三种为好，常用于行道树、防护林带、沟渠旁、规则式广场周围以及作树障或背景。要求列植景观达到整齐划一，忌缺株少苗，老少三代或参差不齐。

（3）交替配置　是用两个树种作交替排列种植。如西湖苏白二堤的一株杨柳一株桃，成为桃红柳绿的著名春景。用两个树种作交替配置时，一定要注意两个树种在体型大小或色泽上有一定的对比，方显生动活泼，如南京明孝陵前一株龙柏和一株黄杨球的交体栽植，由于两种植物在体型上的对比，整齐而不单调，产生良好的景观效果。有些车行道分隔带或行道树带的绿化常采用两种树种的交替栽植（图 5-1）。

（4）分层配置　即将乔、灌、草以其不同的高度分层配置、前不掩后，以便能呈现各层的姿容，使花期互相衔接和相互衬托，同时还可起到防护隔离作用。如柳浪闻莺公园中柳林草坪与干道的隔离林带，宽度为 5—7m，展开的面长 40 余米，第一层为蕉藕，高 1.2m，株距为 0.5m，第二层海桐，高为 1.5m，株距为 1—1.5m，第三层桧柏，高 3—4m，株距为 2m，第四层樱花，高为 3m，株距为 2—2.5m，结构紧密，从草坪看去，开红花的蕉藕以翠绿的海桐和暗绿的桧柏为背景，从相反方向的主干道看去，樱花盛开时也是以桧柏为背景，高耸的桧柏起着两边衬托的作用，观赏效果较好。海桐是作为蕉藕与桧柏之间的联系，它本身是常绿圆头形灌木，花白色，有芳香，结红果，十分美丽，惹人喜爱。

（5）造林　为了栽培和扶育管理方便，大块地配置乔木，都采用等株行距的造林方法，其中包括正方形、三角形和长方形等。

2. 自然式配置　自然式配置强调变化，没有一定的株行距，将同种或不同种的树木进行孤植、丛植和群植以及营造风景林等等，具有活泼愉快的自然风趣。

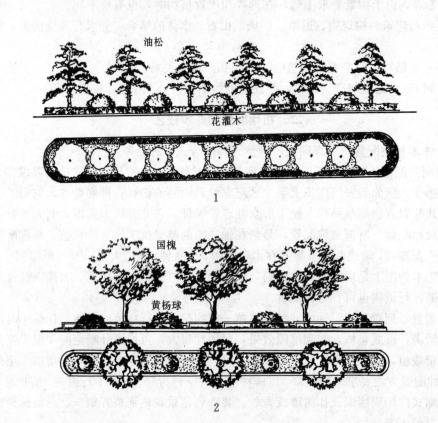

图 5-1　交替配置示例
1. 油松与花灌木的交替配置　2. 黄杨球与国槐的交替配置
（引自《城市街道绿化设计》）

（1）孤植　树木的单体栽植称为孤植，作为孤植用的树木称为孤植树。孤植树有两种类型，一种类型是与园林艺术构图相结合的庇荫树。这类树要求冠大荫浓，寿命长，病虫害少，如阳朔风景区内的一株大榕树，树冠伸展达 30m 左右，荫覆一亩地，主干数人围抱，给人以雄伟浑厚的艺术感染（照片 5-3）。常见的庇荫树种有：樟树［*Cinnamomum camphora* (L.) Presl］、榕树、悬铃木［*Platanus acerifolia* (Ait.) Wild］、柞树、栎树（*Quercus acutissima* Carr.）、白皮松（*Pinus bungeana* Zucc.）、银杏、黄葛树（*Ficus lacor* Hamilt.）、广玉兰（*Magnolia grandiflora* Linn.）、榆树（*Ulmus pumila* L.）等。第二种类型的孤植树是单纯作艺术构图中的孤赏树应用的，对这类孤立树要求体型端庄或姿态优美、开花繁茂、色泽鲜艳的，如雪松、桧柏、云杉、苏铁（*Cycas revoluta*, Thunb.）、千头松、鸡爪槭、柞树、白桦（*Betula japonica* Sieb & Wink L.）、凤凰木（*Delonix regia* Raf.）、木棉（*Bombax ceiba* Linn.）、玉兰、樱花、海棠、碧桃（*Prunus persica* var. *duplex* Rehd.）、银柳胡颓子（*Elaeagnus angustifolia* Linnaeus）等；另外还有馥郁芬芳的白兰花（*Michelia alba* Dc.）、桂花

(*Osmanthus fragrans* Lour.）、柚子（*Citrus grandis*，Osbeck.）等给人以暗香浮动，沁人肺腑的美感；其它如苹果树（*Malus pumila* Mill）、柿树（*Diospyros kaki* Linn. f.）、荚蒾（*Viburnum dilatatum* Thunb.）等春华秋实，给人以硕果累累的艺术感染；秋天变色或常年红叶的树种，如乌桕、枫香、鸡爪槭、银杏、白腊（*Fraxinus chinensis*）、平基槭（*Acer truncatum*，Bge.）、紫叶李、柞栎等，给人以霜叶照眼，秋光明媚的感受。上述这些树种如果在体型和姿态上亦很合适，就可选作孤赏树。在这里着重提出树木的冬态。有些树木在夏日浓荫时固然能显示其非凡的作用，但它真正的美却在落叶之后，以其苍劲的枝干、潇洒的树冠，呈现出卓越的风姿，非一般常绿树所能达到的（照片5-4），具有国画的意趣，令人赞赏。

在孤赏树的周围要求有一定的空间，使它枝叶充分舒展，要有适宜的视距，才能欣赏到它独特的风姿。因而孤立树适宜栽在空旷的草地上，林中空地、庭院、路旁、水边、巨石旁、林缘、高地以及田头地角等处。孤立树在构图上并不是孤立的，它存在于四周景物之中。如果作为主题出现，应放在周围景物向心的焦点上；如果作为园林建筑的配景出现，则可作前配景、侧配景和后配景等（照片5-5）。如用在登山道口，园路或河流或溪涧的转弯处，既可作对景，又能起导游的作用，如黄山的迎客松。作为孤立树用的位置应适当升高，并有良好的地被植物衬托，就能产生更好的艺术效果。

培养孤立树非一日之功，因而在规划设计时应结合绿地中原有的大树进行。孤立树可以是单干的、双干的和多主干的，作为蔽荫树宜采用单干的，作为孤赏树则双干和多主干的风景效果更好。

（2）对置　对置是指自然式栽植中的不对称栽植，即在轴线两边所栽植的植物，其树种、体型、大小完全不一样，但在重量感上却保持均衡状态。这是应用了天平均衡的原理，天平轴两边的秤盘是对称的，但秤盘里所盛之物，一边是体型很小的法码，一边是体型大得多的物体，但它们的重量一致。所以在轴线的一边可以栽一株乔木，而在另一边可以种一大丛灌木与之取得平衡。

对置只能作配景使用，它可以布置在园林建筑入口两旁、小桥头、登道石阶的两旁，并配以假山石以增其势，调节重量感，力求均衡。

（3）丛植　丛植是由同种或不同种的树木组成，是树木发挥群体美的表现方式之一。但对个体美的要求也很高，在体型上要有大小高矮之分。树丛大小差别很大，组成树丛的最小单位为二株多至九株。若与灌木配置在一起则更多。

二株配置在一起，它的配置方法因具体构图要求而不同，例如杭州植物分类园裸子植物区的毛茛目水池旁，有一组由水杉和池杉组成的林丛，其中有两株水杉独立于林丛外，配置在一起，这两株水杉体型大小几乎完全一致，它们之间的植距没有超过树冠直径的1/2，非常亲密，有情同手足之感（照片5-6）。如果有两株油松或黑松配置在一起，体型大小类似，则栽种的距离更应相近，造成连理枝的感觉，若是大小形态各异，则应选择一老一少，一向左一向右、一倚一直、一昂头一俯首等形态的植株配置在一起，使之互相呼应，顾盼有情，给人以情的感染。

三株乔木配置在一起，它们的株距关系最好呈不等边三角形。若把三株同种的树布置在花坛中心作主题，则这三株树应紧密地组合在一起，成为整体。在配置时，要注意选择冠形好的一面向外。若三株树配置在一起作配景处理，首先要确定树丛在地面上的位置，其次确定最高大的植株的位置，最小株应接近最大株，有相依之感，但位置应在最大株的前面，中间大小的植株离最大株距离稍远，与最小株能起到互相呼应的关系。如果用三株不同树种如常绿的针叶树和樱花配置在一起，则最大最小的为一个树种，即常绿针叶树，中等的为另一树种，即樱花，前者可作为后者的衬托，亦可以最大的为常绿针叶树，中小的为樱花，效果亦很好。

　　四株配置在一起的株距关系可以呈不等边三角形或四边形，如图5-2所示，将四株树依其大小分别编成四个号，1号最大，依次递减，4号表示最小。如果株距呈不等边三角形，则将1号种在三角形的重心上，4号种在离重心最近的角上，2号种在离重心最远的角上，剩下的角上种第三号植株。这种配置，三面都很丰满。如果为不同树种如油松与杏树配置在一起，则重心位置和最小株宜栽油松，其它两株配置杏树或重心位置是油松，其它三株都为杏树，也可以1、3、4株都为油松，仅2号植株为杏树。如果四株树的株距关系呈不等边的四边形，则宜将1号植株种在最大的钝角上，2号植株种在离1号株最远的角上，4号株种在离1号株最近的一角，余下的种3号植株。如果树丛是由油松与杏两种不同树种组成，若只有一株杏，则应种在2号株或3号株的位置，若为两株杏，则种在2号株和4号株的位置上，但务须注意树丛的朝向，杏喜向阳，不耐遮荫。掌握此种规律后，5株可由3株一组与2株一组配合，若树丛由6株以上的植株组成，则可以把它分成2株一组和4株一组配合，7株配置可以由2株、4株与1株交相搭配，全局要求达到疏密有度，聚散自如。

　　（4）群植　大量乔灌木生长在一起的组合体称为树群。大量乔灌木的配置称为群植。树群所需面积较大，在园林绿地中可以用它分隔空间，增加层次，达到防护和隔离作用。树群本身亦可作漏景，通过树干间隙透视远处景物，具有一定的风景效果；也可以作为背景、障景及夹景等处理，起到屏俗收佳的作用。

　　树群的配置基本上有单纯和混交两种，单纯树群为同一树种所构成，在其下应有阴性多年生草花作地被植物。混交树种通常是由大乔木、亚

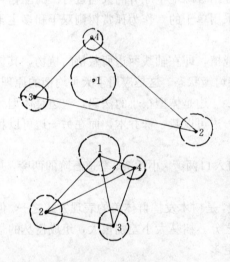

图 5-2　四株树木配置示例图

乔木、大灌木、中小灌木以及多年生草本植物所构成的复合体。它是暴露的群体，配植时要注意群体的结构和植物个体之间相互消长的关系。一般来讲，高的宜栽在中间，矮的宜栽在外边；常绿乔木栽在开花亚乔木的后面作为背景。阳性植物栽在阳面，阴性植物栽在阴面，灌木作护脚或下木。灌木的外围还可以用草花作为与草地的过渡，树群的外貌除层次、外缘变化外，还有季相变化。如春有似锦的繁花，夏有凉风习习的浓荫，秋有艳丽的红叶，冬有傲霜雪的青松等。

　　3. 风景林　风景林在园林绿地中尤其在风景区内占地面积最大，可以单独布置在游览路的沿途或附近的山坡上。自然式的风景林是孤植、丛植、群植以及大面积不等株行距造林的综合体。

自然式风景林在构图上最重要部分是它的边缘部分，因为从外面来看，它所显示给人们的整体形象主要决定于边缘的轮廓线。这条轮廓线呈不规则的波状曲线或港湾状曲线；同时要求林冠与天空之间所构成的天际线也是有起伏变化和富有韵律和节奏感的。林内留有大小不同的林中空地，足以容纳各单位的团体活动。在垂直分布上要有层次，尤其在林缘上应当以大乔木、亚乔木、灌木、高杆多年生草花、矮杆草花及至草皮，因而风景林往往由不同树龄和不同树种所构成。但风景林尤其是人工风景林常常用同龄林所构成，在林缘上可以由密到疏、有树群、树丛到孤植树等变化，虽然这种林子在垂直分布和天际线上缺乏变化，但能取得简单纯朴的风景效果，同时营造在地形有起伏变化的地方，则林冠线也就能随地形的起伏而显示其韵律感。

　　用不同树种构成的风景林，在树种的选择上应有一种在数量上或质量上占优势的主景树，如将组成风景林的各个树种混栽，特别在数量上相近时则景色枯涩贫乏。在组成针阔叶风景林时，如以针叶树为主景，阔叶树所占的比重应在一成以下；如果以阔叶树为主景，则针叶树所占的比重达 3—4 成。若是风景林中有两种树种相邻栽植时，应注意在两种树种之间逐渐相互转化的问题，还要根据树林的疏密来选择中下层及地被植物。

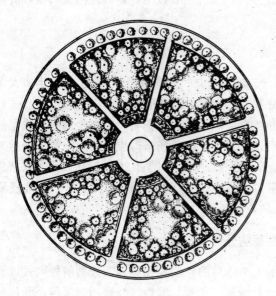

图 5-3　混合式配置，图为鞍山市
胜利广场的改建方案。

　　4. 混合式配置　混合式配置有两种情况，一种是服从混合式规划要求，在总轴对称的两侧，眼睛所及之处，用规则式配置，在远离中轴线，视力所不及之处用自然式配置，或者在地形平整处用规则式配置，在地形复杂处用自然式配置。另一种情况是指绿地用道路的绿篱分隔成规则的几何图形，内部则用自然式配置植物，鞍山市胜利广场的绿化即用此法。胜利广场（图 5-3）是由六条道路交接在一起形成的一个直径为 60 米的交通绿岛，绿岛内亦有与道路相应的六条小道，把绿岛等分成六块小绿地。沿着每块小绿地都用整齐的绿篱范围起来，在绿篱的外围，顺着绿篱边缘等距离的种一圈北京桃，在每一块绿地的内部则是采用自然式配置方式配置植物的。

　　（二）配置果木　果木中有极大部分是花果兼赏的种类，如苹果、桃、李、杏、梅、山楂（*Crataegus pinnatifida* Bunge）、柿、樱桃（*Prunus pseudocerasus* Lindl.）、杨梅［*Myrica rubra*（Lour.）Sieb. et Zucc.］枇杷（*Eriobotrya japonica* Lindl.）、柑桔（*Citrus*）类等等。在园林绿地中应用果木有三种形式：一种是作为装饰点缀与其它观赏植物配置在一起，或作孤赏树用；一种是以果木林的形式出现，春可赏花，秋可观果，如杭州孤山的梅，成为冬天踏雪寻梅的胜景，无锡梅园遍地梅树，春寒料峭之时，百花迹已绝，唯梅花独放，吸引广大游人到此观赏；第三种形式是果园，前两种以观赏为主，后一种以生产为主，所结果实主要售于游园者鲜食，因而要求品种多样化以延长鲜果供应期。

（三）配置灌木　灌木可用作绿篱和边缘植物以示区划和界线，可作大乔木的下木以增加层次，还可以用来固坡，防止水土流失和作基础栽植，柔化建筑线条。灌木在园林中与其它植物配置得宜，能加强艺术效果。有些灌木如月季、牡丹（*Paeonia suffruticosa* Andr.）、芍药（*Paeonia lactiflora* Pall）、杜鹃（*Rhododendron simsii* Planch）、丁香（*Syringa oblata* Lindl.）等等可以用作专类花园的材料（照片5-7）。

（四）藤木植物　藤本植物类型很多，在园林绿地中应用极为普遍，可以使它向立面或高处发展，所占用地面积不大，颇具艺术特色，令人喜爱。藤本植物可以用来装饰建筑物的墙面、窗台、公园大门、电柱、花架、绿廊、绿屏、花格墙、篱笆、栅栏、岩石、岩壁和池岸等等，也可用来作地面覆盖物，详见照片5-8。

第六节　生　篱

生篱是用乔木和灌木密植而形成的篱垣，较之用建筑材料所构成的篱垣价廉物美，富有生机，习惯上称为绿篱。生篱的高度在0.2m以上，1.6m以下，足以阻挡人们视线的称为绿墙。

一、简　史

早在三千年以前就有应用生篱的记载，《诗经》中有"折柳樊圃"之句。后来生篱大多用作宅院菜圃的围篱，在庭园中未得到充分利用。生篱在欧洲的庭园中应用很广，16—17世纪时常用作道路和花坛的镶边。17—18世纪时，雕塑式的生篱盛行，将生篱顶部或尾部加工成鸟兽形状；在帝王和大庄园主的整形式花园中常把黄杨修剪成低矮的窄篱，修剪成各种几何形状，绿篱、绿墙、绿屏以及壁龛等（照片5-9）。中国自20世纪初以来，在新建的公园和城市绿地中已较普遍地利用生篱（中国大百科全书、建筑、园林、城市规则 p.551）作绿地和道路的镶边和雕塑及花坛的背景等。

二、生篱的分类

生篱的种类很多，以其形式分，有不加人工修剪的自然式和经人工修剪的规则式以及自由式的三类，以其一般观赏性和用途来分有绿篱、花篱、编篱、蔓篱和刺篱等；而每种绿篱以其高度分有高、中、矮三种。高篱为1.5m以上者，中篱高1—1.5m之间，矮篱为1m以下0.2m以上的。

自然式篱常用的有木槿（*Hibiscus syriacus* L.）、锦鸡儿属（*Caragana* Lamarck）、糖槭（*Acer negundo* Linnaeus）、榆树、珊瑚树（*Viburnum odoratissimum* Ker.）、小蜡（*Ligustrum sinense* Lour.）、水蜡（*Ligustrum obtusifolium* Sieb. et Zucc.）、雪柳（*Fontanesia fortunei* Carr.）、云杉、杜松（*Juniperus rigida* Sieb. et zucc.）、龙柏（*Juniperus chinensis* L. CV. 'Kai-Zuka'）等，编篱采用的植物材料应是枝条柔软，便于编织成篱的，如杞柳（*Salix integra* Thunb.）、木槿等。花篱大多用观花灌木，如金老梅〔*Dasiphora fruticosa*（L.）Rydlb.〕、丁香、小桃红（*Cerasus triloba* Bar.）、重瓣榆叶梅（*Cerasus triloba* var. *plena* Dipp.）、绣

线菊属（*Spiraea* L.）、迎春（*Jasminum nudifraum* Lindl.）、连翘属（*Forsythia* Vah1.）、珍珠梅属（*Sorbaria* A. Br.）、太平花（*Philadelphus pekinensis* Rupr.）等等，刺篱都采用黄刺梅（*Rosa xanthina* Lindl.）、红刺梅（*Rosa davurica* Pallas）、小蘖（*Berberis Thunberqii* De. Candolle）、枳椇（*Hovenia dulcis* Thunb.）、皂角（*Gleditsia sinens is* Lam.）、柞木（*Myroxylon racemosum* Diels.）等等，蔓篱是由藤本植物攀援在篱笆上构成的。可选用金银花、木香、夜丁香（*Cestrum nocturnum* L.）、九重葛（*Bougainvillea spectabilis* Willd.）、粉团月季、十姊妹、枸杞（*Lycium chinense* Miller）等植物。整形绿篱可以采用黄杨（*Buxus sinica* Cheng）、珊瑚树（*Viburnum odoratissimum* Ker）、榆树、色木槭（*Acer mono* Maximowicz）、茶条槭（*Acer ginnala* Maximowicz）、桧柏、侧柏（*Platycladus orientalis* Franco）、翠柏（*Sabina squamata* Ant、CV. 'Meyeri'）、狭叶十大功劳〔*Mahonia fortunei* (Lindl.) Fedde.〕、女贞（*Ligustrum lucidum* Ait）、冬青（*Ilex chinensis* Sims）、雪柳、水腊、小腊等。还有一种一年生篱是用扫帚草构成的。

三、生篱在园林中的主要功能

1. 代替建筑材料构成的篱垣，因而具有篱垣的一切作用。用生篱范围场地，分隔空间和组织空间。

2. 用生篱组织夹景，强调主题，起到屏俗收佳的作用。

3. 作为花境、雕像、喷泉以及其它园林小品的背景。

4. 用生篱组成迷园。

5. 作为建筑物与构筑物的基础栽植。

6. 用矮小的生篱如黄杨构成各种图案和纹样。

7. 用生篱造景，结合地形、地势、山石、水池以及道路的自由曲线及曲面，运用灵活的种植方式和整形技术，构成高低起伏，绵延不断地园林景观（图 5-4）。

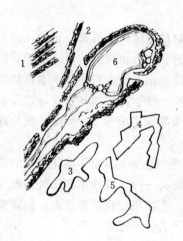

图 5-4 变形绿篱之种种

1. 百页窗式 2. 闪电式 3. 变形虫形 4. 折线形，其特点是相对二边不是平行线 5. 变形虫和折线的综合形 6. 随形作形，高低起伏粗细不论，但求自然协调

第七节 基础栽植

凡在建筑物和构筑物的基部附近种植植物，都称为基础栽植（照片 5-10）。基础栽植能缓和建筑物的直线条，丰富建筑艺术和增加风景美的作用，也有利于环境卫生。建筑基础栽植的设计是以建筑为主题的，建筑物通过基础栽植向室外的自然空间过渡。基础栽植的植物配置，当以建筑造型、建筑艺术和留作基础栽植用地的宽度为变化的依据，房前屋后和两侧的要求亦有所不同，但对建筑来讲应是个整体，因此四周绿化要互相协调。在建筑物正面的植物配植艺术要求较高。对一般体型高大轮廓整齐对称的建筑物，它的基础栽植以整齐对称的形式较好；如果建筑物正面的造型凹凸富于变化或属于玲珑别致的小型建筑，则采取自然式的绿化形式较好，若与假山配置在一起，尤

显活泼富有情趣。上海桂林公园厅堂建筑的基础栽植值得学习。

一般在窗台前所栽植的植物不宜太高，高过窗台即行，免得影响室内的通风透光，这在寒冷的北方尤为重要，因此以花灌木为主，每当春暖花开时，满株鲜花呈现在窗前，带来无限春光。在两窗之间的墙前地段上可以栽植亚乔木，树枝伸展在窗前的上方，可以增强框景美的效果。通常基础栽植的用地为 2m（包括滴水板宽度在内），可以栽植一行修剪整齐的绿篱；宽为 3m 时，绿篱内可以增加开花灌木，宽为 5m 时，在绿篱内部可以配植开花的亚乔木和针叶树，当绿地的宽度大于 5m 时，在西侧角隅可以栽植绿荫大乔木以减少夏季烈日曝晒之苦。

第八节　草花的配置和应用

草花在园林中的应用是根据公园的规划布局及园林风格而定，有规则式和自然式两种布置方式。草花的规则式布置，有花坛、花池或花台、花坛群以及带状花坛等。草花的自然式布置，有假山花台、花境、花丛、花群和花地以及各种专类园，如芍药园、郁金香园、百合园、鸢尾园、水生花卉园等等。这种布置类型也适用于花木，因而在下面一并叙述。草花种类繁多，花期不一，在气候温暖的南方，几乎四季都有草花可供观赏，可用它弥补木本花卉之不足和丰富园林色彩。

一、花　　坛

花坛实际上是用来种花的种植床，不过它不同于苗圃的种植床，它具有一定的几何形状，一般有方形、长方形、圆形、梅花形等等，具有较高的装饰性和观赏价值。由于对植物的观赏要求不同，基本上分为盛花花坛、毛毡花坛、立体花坛、草皮花坛、木本植物花坛以及混合式花坛等等，根据季节分有早春花坛、夏季花坛、秋季花坛和冬季花坛以及永久性花坛等，根据花坛的规划类型分有独立花坛、花坛群和带状花坛等多种形式。现分述如下：

（一）**盛花花坛**　盛花花坛主要欣赏草花盛花期华丽鲜艳的色彩，因而作盛花花坛的草花应选择高矮一致，开花整齐，花期一致，花期较长的植物，一种、两种多至三种搭配在一起。叶大花小、叶多花少的草花不宜做盛花花坛的材料。盛花花坛观赏价值高，但观赏期短，需要经常更换草花，延长花坛的观赏期，经营费工，适宜于重点应用。

（二）**模纹花坛**　是利用不同色彩的观叶植物所构成的精美图案，纹样或文字等。模纹花坛要经常修剪以保证纹样的清晰，其优点在于它的观赏期长，如果加强管理，在哈尔滨地区能保持整个生长期，而在南方都用作秋季花坛。用作模纹花坛的材料应该选择生长矮小，生长较慢、枝叶繁茂、耐修剪的植物，常用的有五彩苋（*Alternanther bettzickiana* Nichols.）、小叶红（*A. amoena* Vass.）、雪叶莲（*Senecio cineraria*）、佛脚草（*Sedum lineare* Thunb.）、火艾（*Leontopodium apmicum* Miq.）、白花紫露草（*Tradescantia* 'Rochford's Silver'.）等，并用四季海棠（*Begonia semperflorens* Link. et Otto.）、天竺葵（*Pelargonium hartorum* Bailey）、景天树（*Crassula arborescens* Willd）、龙舌兰（*Agave americanal* var.）、球桧（*Juniperus chinensis* CV. 'Globosa'）、苏铁（*Cycas revoluta* Thunb.）等点缀其间。

此外还可利用矮生的雀舌黄杨、瓜子黄杨等构成精美的图案。模纹花坛的平面布置象一条织花地毯，故又有毛毡花坛之称，布置在斜坡或立面上，可以构成壁毯或浮雕，十分新颖动人，若布置成立体，则构成立体花坛。模纹花坛亦可与雕塑或雕塑小品结合，效果很好（照片5-11）。

（三）立体花坛　立体花坛是向立面发展的模纹花坛，亦可称为毛毡花坛的立体造型。它是以竹木结构或钢筋为骨架的各种泥制造型。在其表面种植五彩草而成为一种立体装饰物。这是五彩草与造型艺术的结合，形同雕塑。这种花坛在哈尔滨市应用很多，大部分是以瓶饰、花篮等形式出现，此外有日晷，狮、虎、孔雀、海豹、盘龙柱等动物造型，观赏效果很好。在杭州市湖滨的主体花坛常结合十二生肖进行设计，有斗牛、二龙戏珠，龙腾虎跃，飞马等等。毛毡花坛立体发展成园林建筑造型的，效果也很好（照片5-12）。亦有用菊花造型的。

（四）草皮花坛　用草皮和花卉配合布置形成的花坛，一般来说是以草皮为主，花卉仅作点缀，如镶在草皮边缘或布置在草皮的中心或一角。这种花坛投资少，管理方便，为目前布置花坛广为应用，或把花坛嵌镶在草皮内。

（五）木本植物花坛　利用木本植物布置的花坛具有一劳永逸的优点，尤其在北方可以避免冬季花坛呈现光秃或萧条的景象。木本植物是以开花灌木为主，而常绿针叶树常被用为花坛的中心，周围用绿篱或栏杆围起来。

（六）混合花坛　混合花坛是由草皮、草花、木本植物和假山石等材料所构成的。

（七）独立花坛　独立花坛大多作为局部构图中心，一般布置在轴线的交点、道路交叉口或大型建筑前的广场上。独立花坛的面积不宜过大，若是太大，须与雕塑、喷泉或树丛等结合起来布置，才能取得良好的效果。

（八）花坛群　是由许多花坛组成为不可分割的整体。组成花坛群的各花坛之间是用小路或草皮互相联系的。布置花坛群的用苗量大，管理费工，造价高，故非在重点布置的地方不随便应用。若布置成草皮花坛群则可节省许多工本费，可广为应用。

（九）带状花坛　花坛的外形为狭长形，长度比宽度大三倍以上，可以布置在道路两侧，广场周围或作大草坪的镶边。把带状花坛分成若干段落，作有节奏的简单重复。

花坛设计　花坛设计包括花坛的外形轮廓、花坛高度、边缘处理、花坛内部的纹样、色彩的设计以及植物的选配等。作为主景设计的花坛是全对称的，如果作为建筑物的陪衬，则可用单面对称。设在广场中间的花坛，它的大小应与广场的面积成一定比例，一般最大不超过广场面积的三分之一，最小不小于十分之一。独立花坛过大时，观赏和管理都不方便，一般花坛直径都在8—10m以下，过大时内部要用道路分隔，构成花坛群。带状花坛的宽度不少于2m，也不宜超过4m，并在一定的长度内要分段。

花坛的风格与外形轮廓均应与周围环境相适应，色泽与纹样要有一定的对比，方能使之生动活泼。须注意的是图案复杂的，色彩宜简单，如果色彩鲜艳的则纹样应力求简单，这样易取得良好的观赏效果。花坛边缘处理方法很多，为了避免游人踩踏和装饰花坛，在花坛的边缘应设有装缘石及矮栏杆，一般装缘石有砾石、砖、条石以及假山石等。也有不用装缘石的，仅在花坛边缘铺一圈装饰性草皮或种植专用作"装缘植物"的，如小叶黄杨、富贵草（*Pachysandra terminalis* Sieb. et Zucc.）、书带草、扫帚草（*Kochia scoparia*

Schrad. var. *trichophila* Bailey forma trichophila Schinz. et Thell.) 等，亦非常美观。边缘石的高度为10—15cm，最高不超过30cm，宽度为10—15cm，若兼作坐凳，则可增至50cm，具体视花坛大小而定。花坛边缘的矮栏杆是可有可无的，但矮栏杆具有一定的保护和装饰作用，为现代园林广为应用。矮栏杆有竹制、木制、铁铸、钢筋砼制的，前两者制作方便，后两者经久耐用，视环境要求而定。矮栏杆的设计纹样宜简单，高度不宜超过40cm，颜色以白色和墨绿色为佳，前者醒目与洁净，后者耐脏。国外多选用白色，国内多选用墨绿色。总之，装缘石和矮栏杆的形式及设计要力求简单朴素，并要与周围道路和广场的铺装材料相协调。当花坛种植木本花卉时，则花坛的矮栏杆可用绿篱代替。

花坛的高度　凡供四面观赏的圆形花坛，一般要求中间高，渐向四周低矮。要达到这种要求有两种方法：一种是堆土法，按计划高度用土堆积成中间高四周低的土基，然后将相同高度的草花按设计要求种在土基上；另一种方法是选择不同高度的花卉进行布置，高的种在中间，矮的种在四周。带状花坛有供两面观赏的和单面观赏的。若是供两面观赏的，可布置成中间高，渐向两侧低矮或是平面布置；若是仅供单面观赏的，则高的栽在后面，矮的栽在前面。

二、花池和花台

凡种植花卉的种植槽，高者为台，低者为池。槽的形状是多种多样的，有单个的，也有组合型的（图5-5），有的将花台与休息坐椅结合起来（图5-6），也有把花池与栏杆踏步

图 5-5　组合花台

图 5-6　带座位的花台

等组合在一起，以便争取更多的绿化面积，创造舒适的环境（图5-7），亦有用假山石围合起来的自然式花池，内布置竹石小景，富有诗情画意（图5-8，图5-9）。

在我国现代园林规划设计实践中，花台的处理手法有较大的创造和发展。利用对景位置设置花台或在屋顶辟半方小孔，透过雨露阳光种植花木。如广州矿泉别墅走道尽端处理（图5-10）和友谊剧院贵宾室花池（图5-11）。有时也把花池与主要观赏点结合起来，将花木山石构成一个大盆景。如广州白云宾馆屋顶花园盆景式花池（图5-12），上海西郊公园盆景花池（图5-13）。有的结合竖向构图，把花池作成与各种隔断、格架或墙面结合的高低错落的花斗，使绿化与建筑装修有机的结合在一起，在构图上形成富有趣味性的装饰小品

图 5-7　与栏杆结合在一起的花池

图 5-8　由假山石围合而成的花池

图 5-9　自然式花池

图 5-10　广州矿泉别墅走道尽头
花池（框景）

图 5-11　广州友谊剧院贵宾休息室
小庭院内的种植池

图 5-12　广州白云宾馆屋顶花园
盆景式花池

（图 5-14、图 5-15）。

在国外，在西洋古典园林中常把花池与雕塑结合起来，或在庭园中布置有一定造型的花盆、花瓶。这些手法在东欧和前苏联的现代园林仍有采用（图 5-16、5-17）。

花池在国外也用于室内。大多采用能移动的花盒或花盆箱，可以随需要移动位置和随季节更换花卉。花池造型简洁多样。随屋顶花园的盛行，这种可移动的花池也陆续发展到天台屋顶上。为了减轻荷载，多采用轻质介质代替土壤栽培花木。

建造花池的施工工艺和材料也是多种多样的。有天然石砌筑的，有规整石砌筑的，混

图 5-13 上海西郊公园盆景花池

图 5-14 花 斗

图 5-15 墙上花斗

图 5-16 花箱及花盒

凝土预制块砌筑的，此外还有砖砌筑和塑料预制块砌筑的。表面材料有干粘石、粘卵石、洗石子、磁砖、玛赛克等（图 5-18、图 5-19、图 5-20、图 5-21、图 5-22）（取材于《园林建筑设计》1984.5 版 361—365 页）。

图 5-17　造型花池

图 5-18　干粘石花池

图 5-19　干粘卵石花池

图 5-20　洗石花池

图 5-21　磁砖花池

图 5-22　面砧花池

三、花　　境

花境英语 Flowerborder 意即沿着花园的边界或路缘种植花卉，称为花境，也有花径之意。它与花坛的不同点在于它的平面形状较自由灵活，可以直线布置如带状花坛，也可以作自由曲线布置，所用植物材料，着重于多年生的花卉、乔木、灌木并用，应时令要求，也常辅之以一二年生花卉。花境设于区界边缘，常用单面观赏，故常以常绿乔灌木或高篱作背景，前不掩后，各种花卉以其色泽互相参差配置，配置密度以植株成年后不露土面为度。

一入冬季百花零落，此时须点缀观叶植物如羽衣甘蓝、红叶甜菜和观花的二年生花卉如金盏菊、雏菊、三色堇等。在木本植物中可选用常绿的，还可以选择观叶和观果的植物，方不萧条。花境如设在苑路的两侧，则构成花径。根据园路两侧绿地的宽窄，作平面布置，宜于俯瞰，所栽植物可以是一色的或色块嵌镶的矮性花卉，形成彩色地毯，十分艳丽美观（照片 5-13）。如果花境设在草坪的边缘，如同给草坪镶一圈花边，它不同于草坪周围的带状花坛，因为它的宽窄和线条自由灵活，可以柔化规则式草坪的直角，增加草坪的曲线美和色彩美，其花卉配置方法可采用一色、色块嵌镶或各种草花混杂配置，各

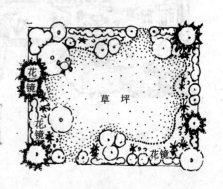

图 5-23 花境可以柔化草坪生硬的直角，装饰草坪、丰富色彩

竞其新（图 5-23）。花境如设在建筑物或构筑物的边缘，则可与基础栽植结合，以绿篱或花灌木作为背景，前面种多年生花卉，边缘铺草皮（图 5-24），效果良好。

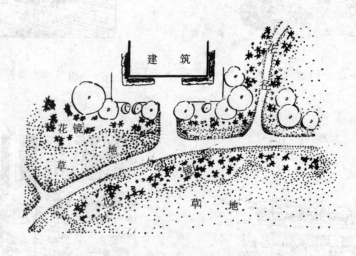

图 5-24 草花以花灌木或绿篱为背景、草地为底色，与建筑的基础栽植与园路绿化结合布置

四、花　丛

花丛在园林绿地中应用极为广泛，它可以布置在大树脚下、岩旁、溪边、自然式的草坪中和悬崖上。花丛之美不仅欣赏它的色彩，还要欣赏它的姿态。适合做花丛的花卉有花大色艳或花小花茂的宿根花卉，灌木或多年生的藤本植物，如小菊、芍药、荷苞牡丹（*Dicentra spectabilis* Lem.）、牡丹、旱金莲（*Tropaeolum majus* L.）、金老梅、杜鹃类、各种球根

植物中的郁金香类（*Tulipa gesneriana* L.）、百合花类（*Liliflorae*）、喇叭水仙类（*Narcissus*）、鸢尾类（*Iris*）、萱草类（*Hemerocallis*）等以及匍匐性植物中的蔷薇类等。

五、花　群

是由几十株乃至几百株的花卉种植在一起，形成一群，可以布置在林缘、自然式的草坪内或边缘、水边及山坡上（照片 5-14）。

六、花　地

花地所占面积之大远远超过花群，所形成的景观十分壮丽。在风景园林中常布置在坡地上、林缘或林中空地以及疏林草地内（照片 5-15）。

第九节　园林中的草地与草坪

在园林中，草是形成草地和草坪的基本材料，用比较纯净的草皮覆盖地面，不拘地形，不论其面积大小，形成的草皮低矮致密，还是稀疏粗放，包括草坪在内，均可称为草地。作为草坪，其草种纯净致密，低矮和较耐践踏。不论草地还是草坪均具有一定规模和形状，其形状基本上有规则式和自然式两类，这是由规划形式所决定的。在铺设草坪之前，若为规则式的，地面必须平整，若为自然式的，则地形亦须经过修理。无论是规则的或不规则的草坪都要有良好的排水设施，避免草坪内积水，产生枯黄的斑块。园林中的草地常不加管理，听其自然。

一、构成园林草地和草坪的草种

可用作草地、草坪的草种很多，大抵可分为两类：

第一类是我国和日本常用的草种。这一类草种的主要特点是：生长高度一般在 10—20cm 以下，有发达的横走茎和根，具有一定的耐踩性，由它形成的草皮紧贴地面，非常平服，富有弹性，不要或不需要经常轧剪，局部受损，补植容易，恢复较快，管理方便。这类草种如结缕草（*Zoysia japonica* Steud）、天鹅绒草（*Zoysia tenuifolia* will.）、狗牙根［*Cynodon dactylon*（L.）Pers］、假俭草［*Eremochloa ophiuroides*（Munro）Hack］等能耐高温多湿的气候，有明显的季相变化，虽然冬季枯黄，却给人以温暖感，游人乐于坐卧在枯黄的草地上晒太阳，嗅着干草与泥土的芳香。其缺点是春天返青晚，秋天黄化早，种子难收，故一般不用种子繁殖，都用无性繁殖。

第二类是西洋草种，主要是指早熟禾（*Poa annua* L.）、狐茅草（*Festuca ovina*，L.）、剪股颖（*Agrostis*）、多年生黑麦草（*Lolium perenne* L.）等草种。这一类草种在我国均有原产，但由于西洋常用作草地和草坪，故以西洋草名之。西洋草种的特点是：可以用种子播种繁殖，草地与草坪形成快，返青早，在有些地区四季常青，其缺点是不耐高温多湿，地下茎与匍匐茎不如第一类发达，草生长高达 30—100cm，须要经常和及时轧剪，若有缺损，补植困难，管理费工。

二、草地和草坪在园林中的作用及其艺术形象

在园林绿地中，草地、草坪的最大艺术价值是给园林提供一个有生命的底色，能把各种景物统一协调起来，减少园林的郁闭感，增加明朗度。天空、山石、水体、乔木、灌木、花卉在其映衬下，更添光彩，使园林的空间艺术得到完善和加强。草地和草坪的最大功能是给纵情欢乐的游人提供足够的空间和一定的视距欣赏景物或风景和洁静舒适的休息场所。由草地和草坪派生出来的功能是减少风沙尘土，增加空气湿度，降低温度和地面辐射强度，提供新鲜氧气以及杀菌素等，比硬质地面优越得多，再加上草皮本身就是景物，芳草如茵，赏心悦目，惹人喜爱。所以草地和草坪已成为现代园林中重要组成部分。凡是游人足迹可到之处，除了硬质的建筑、广场和道路而外，都应铺设草皮，形成草地或草坪（照片5-16）。

设计草坪时，对功能要求与景观要求二者不能偏废，且重景观要求甚于功能要求，有些功能要求可以随景观要求而得到满足。例如在优美的景观面前，必须布置空场以供游人欣赏，这个空场用草皮铺装，也就给游人提供了休息和活动场所。在密林中一定要开辟空场，减少郁闭感。当游人在密林中行进，突然发现一块绿草如毡的空场，会产生一种轻松喜悦的心情，加强了草坪的艺术魅力，同时为游人创造了一个相对安静的游憩空间。在林缘至路缘之间也应有一定的空场用来铺设草坪，游人在园路上散步，有足够的视距浏览沿途景色，欣赏有节奏感的林缘线和林冠线以及林缘空间和景物变化。在水体周围铺设草皮、嵌镶在绿地、花丛之间，为游人提供了一个优美舒适的环境。坐卧草地、欣赏水景，聆听水声，其美妙莫过于此。把草皮覆盖在大面积有起伏舒缓的地面上，加强了地形本身的美。总之，万物在如茵的芳草衬托下，大自然会变得更加可爱（照片5-17）。

（一）草坪的空间类型　草坪的空间类型有封闭性、开朗性、半封闭性和半开朗性等四种类型。

封闭性与开朗性草坪　与闭锁空间一样，当周围景物高过于视平线，阻挡视线透视远处景物时，就形成了封闭性草坪，如林中草坪，在艺术效果上，安静而舒适。草坪的封闭度视草坪的长轴与短轴的平均长度与周围景物高度之比。比值愈大，封闭度愈小，小到可以眺望远处景色，则成为开朗性草坪，如杭州市柳浪闻莺大草坪，单纯而宽阔。草坪的封闭度亦与垂直视角有关，垂直视角愈大，则封闭度亦愈大，形成闭锁空间；反之，垂直视角愈小，则封闭度亦愈小，景物出现在视平线以下，形成开朗草坪。

半封闭和半开放性草坪　有些草坪，其周围的景物虽然很高，但并不稠密，可以透视草坪以外的景物，这就成为半封闭性草坪如武汉东湖草坪；有些临近水体的草坪，三面封闭，临水一面完全开放，称为半开放性草坪。这两种草坪的特点都是封而不闭，仍然十分畅朗，但空间的轮廓却十分明确。

（二）草地类型

1. 空旷草地　草地中不栽任何乔灌木，一片空旷，这类草地主要供群众体育活动或游戏用。

2. 稀树草地　在草地上疏散布置树木，株距很大，每株树木都有充分伸展的空间，当这些乔木树冠的覆盖率占草地面积的20%—30%时，称为稀树草地。

3. 疏林草地　在草地上疏散布置树木，株距在 8—12m 左右，树冠覆盖率达 30%—60% 时，称为疏林草地。这种疏林草地，由于林木的庇荫性不大，阴性的草种如红狐茅、欧剪股颖，黑麦草等均能耐适度的庇荫。其中以剪股颖和羊胡子草耐阴性较强。林中早熟禾能生长在森林下极阴湿之处，为最耐阴的草种。普通早熟禾（*Poa trivals* L.）亦能在庇荫环境下生长（照片 5-18）。

4. 缀花草地　在以某一草种为主体的草地或草坪上混有少量多年生草花，如番红花、秋水仙、水仙、鸢尾科、石蒜属、海葱、葱兰或韭兰等等球根植物。草花的数量不超过草地面积的 1/3，分布疏密有致，自然错落，花开得十分美丽。

（三）草坪空间形状和空间气氛　草坪空间形状主要依靠地形及其周围的林缘线、林冠线和林冠的高度。例如同一块面积的草坪，由于周围林缘线、林冠线和林木的高度不同，可形成完全不同的空间形态，再加上使用的植物种类，配置艺术不同，可以千变万化，所造成的氛围也完全不同，更何况不同的立地条件和草地面积所形成的草坪空间和气氛当然不同。就以花港观鱼公园内的几个著名草坪而言，面积为 16400m² 的雪松大草坪，地形微向里西湖倾斜，由高大稳重的雪松与主干道南的广玉兰构成宽度为 150m 的景面。凡种植雪松的位置，地势都升高，浓绿色的雪松林在草绿色草坪的衬托下，越显其雄浑挺拔，由它们构成的空间气氛，朴实无华、气势非凡（照片 5-19）。

藏山阁大草坪保留了藏山阁古迹，在其周围配以花草树木，形成了一个相当大的四季花坛。在草坪的北端，分布有十几株樱花树，东端为花港正门对景的背景几株大雪松，南边有几株广玉兰和花木。由于这些花木在草坪中的位置，使草坪形成了一个多变的空间，亦即是说，从各种不同的角度去看它，它的空间轮廓都不一样。在盛花季节呈现出与雪松大草坪完全不同的气氛，色彩华丽，生动活泼。

与藏山阁大草坪面积近似的茶室前的大草坪。大部分的树木布置在园路外围，只有小部分的树木布置在草坪的周围。面对茶楼的草坪主题，为一个以雪松为背景的大花坛，在花坛的上部悬吊着三只正在飞行的白天鹅，在花坛中伸出用铁片做成的象征性海浪。构思十分巧妙，但其实际效果并不理想，既没有雪松大草坪的气势，也没有藏山阁草坪的灵活多变，空间缺少深度感，又由于色彩过于喧哗，反而降低了艺术魅力。

花港观鱼公园内的柳林草坪，面积仅 2800 余平方米，位于公园的东北面，北临西里湖，南临主干道，以紧密结构的树带与主干道隔开，地形微向湖面倾斜，十三株垂柳疏密相间，自由错落地布置在湖边，形成一块宁静的半开放性草坪，通过柳林空隙能透视苏堤、刘庄和北山一带风光。空间的林缘线、林冠线、色彩均极简单，却收到了明秀的艺术效果，是休息、纳荫以及远眺的好地方。

牡丹园中的一块草坪与上述几个草坪不同，它们都是作为独立的景观空间而存在的，而这块草坪却是作为配景而存在的，是牡丹园的重要组成部分，起到陪衬与烘托牡丹亭部分的作用，给游人欣赏主景全貌以足够的空间视距。草坪面积不大，地形略有起伏，凡种植树木花卉的位置，地面都有不同程度的升高，有两处大树冠构成侧视主景的框架，正对牡丹园主景的一面敞开，从这儿可展现主景全貌。草坪本身小巧别致，周围景物变化丰富，自然可爱（照片 5-20）。

（四）草地与草坪的空间流通　中国古典园林习惯于利用框景、漏景、借景等手法沟通室内外空间，利用水系、道路沟通室外各种大小空间、产生惊险、奇特、宽广、舒缓的各种空间感，而在国外善用草地和草坪与围合在周围的树木花草构成不定形的连续流通的空间。使空间平缓舒徐，亲切宜人（照片 5-21）。

（五）草坪的主题 草坪空间多数具有主题，作为视景焦点。作为草坪主题的可以是建筑、雕塑、孤立树、树丛、树群以及花坛等（照片 5-22）。

第十节 园林地被植物

一、园林地被植物的含义

如果从概念出发，广而言之，凡能覆盖土面的植物，包括草坪草在内的蕨类、球宿根花卉、矮生灌木以及爬蔓植物都称作地被植物。草坪草是优质的地被植物，用它覆盖地面，铺设草坪，能达到芳草如毡的艺术效果，使园林空间明朗开阔，洁净可爱。但从色彩而言，草坪草只能给园林提供绿色的底色，如果要达到色彩斑斓，旖旎多姿，则有赖于美丽的地被植物。作为地被植物应具有一定的观赏价值，能充分体现群体美。具有生长低矮紧密，繁殖力强，覆盖迅速，维护简单的特点。用这类植物覆盖的地面，游人不能入内游憩以区别于草坪草，也有别于地被植物学中所指的群落下层草本植物为地被植物的概念。狭义的概念应不包括草坪草在内。

园林地被植物是园林绿地的重要组成部分，是作为提高园林质量，做到黄土不露面的一项重要措施。它不仅在增加园林植物层次，丰富园林色彩，提高园林艺术效果等方面起重要作用，还在减少风沙尘土、净化空气、降低气温、改善空气湿度等方面也具有作用；还能保持水土，护坡固堤，抑制杂草生长，其中有许多地被植物如麦冬、万年青、白芨、留兰香等都是药用或提取香精的重要原料，还具有一定的经济意义。

二、地被植物在园林中的布置

1.在园林绿地中，须要为周围居民提供早晚锻炼身体、夏日休息纳凉的场地，这块绿地既要有似草坪的美观，又要经久耐踩，管理省工，则可以如照片 5-23 所提供的样式，用石板或预制砼板进行虚铺，选用适生的、贴地面生长的地被植物如马蹄金（*Dichondra*）、百里香（*Thymus*）、具棱铜垂玉带草（*Pratia angulata*）、假金鱼草（*Cymbalaria aequitriloba*）、梅花草（*Cymbalaria muralis*）、婆婆纳（*Veronica polita*）等嵌镶在缝隙内，使硬质地面增添有生命的绿色，显得生动活泼。

2.用地被植物创造一个色彩斑斓的世界（照片 5-24）。

3.在山坡上种植地被植物，不仅可以利用地被植物的根系固坡，防止水土流失和杂草丛生，而且还提供美丽的植被景观，有一举多得的好处。照片 5-25 为我们提供了一个很好的样板。为山坡选择地被植物宜选择耐干旱瘠薄土壤的植物，要巧于安排，把各种形态和色彩的地被植物按其生态习性有机地组合在一起，形成不可分割的整体，成为一组具有艺术魅力的风景。在种植位置的下方适当摆上几块山岩，既可加固斜坡，截留雨水和冲刷下来的表土，又可增强山坡园地的野趣，这就形成西方的岩石园。

4.在阴湿地区可选用喜阴和耐阴的地被植物覆盖地面，构成美丽的景观（照片 5-26）。

5. 在沼泽地选用耐水湿的地被植物，构成五花草塘。

6. 利用一二年生草花作地被植物，能及时补充季节色彩。其不足之处，在于费时费工，成本较多年生花卉为高，因而宜选用自行繁衍的花卉如二月兰、大金鸡菊、波斯菊、矮雪轮、蛇目菊等作地被植物。

7. 用宿根草花做地被植物，形成大面积的花地和缀花草地，为园林风景提供丰富的色彩。

8. 利用生长低矮及匍匐地面的木本与藤本植物作地被植物，在园林中常见的有匍地柏、青紫木〔*Excoccaria cochinchinensis* Lour.〕、八角金盘〔*Fatsia japonica* (Thunb.) Decne. et Planch.〕、箬竹〔*Indocalamus tessellatus* (Munro) keng f.〕、菲白竹〔*Pleioblastus angustifolius* (Mitford) Nakai〕、贴梗海棠〔*Chaenomeles lagenaria* (Loisel) Koidz.〕、枸杞、蔓长春 (*Vinca major* L.)、扶芳藤 (*Euonymus fortunei* Hand.-Mazz)、南蛇藤 (*Celastrus orbiculatus* Thunb)、金银花、杜鹃、金丝桃、络石〔*Trochelo spermum jasminoides* (Lindl.) Lem〕、美女樱 (*Verbena hybrida* Gronl. et Rpl.)、含羞草 (*Mimosa pudica* L.) 等等。

下篇　园林空间构图艺术

第六章　园林构图艺术法则

第一节　比例与尺度

（一）比例　古希腊数学家、哲学家毕达哥拉斯把数当作世界的本源，认为"万物都是数"，"数是一切事物的本质，整个有规定的宇宙组织，就是数以及数的关系的和谐系统"。基于这种哲学观点，他认为美是数的关系表现。他曾经在一个铁匠铺前走过时，被铁匠打铁的声音深深地吸引住了，发现铁锤重量与工件大小比例有关。十二磅与六磅之比为2∶1，发出八音度，定为 C 调。十二磅与八磅之比为 3∶2，发出五音度，定为 G 调。十二磅与九磅之比为 4∶3，发出四音度，定为 F 调。于是他认为美是数的比例构成的。在几何学上，他发明了"外中比"，即"黄金分割"，称为最美的线段。什么叫黄金分割？就是在一根线段上取一点，使全线段与被分割的长线段之比，等于这根被分割的长线段与被分割的短线段之比。

$$A \rule{8cm}{0.4pt} B$$
$$AB∶AC＝AC∶CB＝1∶0.618$$

C 点是怎样取得的？在几何上是这样作图的：在 AB 上作垂直线 BE，使 $BE＝\frac{1}{2}AB$，取 E 点，以 E 为圆心，BE 为半径，作一圆，连 AE 与圆周交于 F，以 A 为圆心，AF 为半径作一圆，与 AB 交于 C，便取得 C 一点，叫黄金分割（图 6-1）。

如果在 AB 上又作 CG＝BC，那么 G 又是对 AC 的黄金分割，并且可以这样无尽地分割下去，古希腊人按照这种黄金分割建筑神庙。

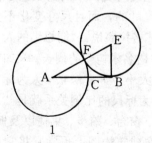

图 6-1　黄金分割法　　　　　　　　　　图 6-2　五角星各线段的黄金分割

五角星的每一根长线与短线的比例都符合黄金分割，如图 6-2，AB∶AC＝AC∶BC＝1∶0.618，又 AC∶AD＝AD∶DC＝1∶0.618。文艺复兴时期的艺术家发现，人体结构，从身高各线段比，身宽的各线段比，两手平举的各线段之比都符合黄金分割律，因此认为人是生物界最美的，人即美，美即人。他们寻求艺术的几何比例基础，按黄金分割塑造人物形象。近代西方人运用"黄金分割面型"作为审美标准。文艺复兴时代的艺术家们和古希腊人一样，认为黄金分割是建筑不可违反的。帕乔里在《论神的比例》中说："一切企求美的东西的世俗物品，都得服从黄金分割"。我国秦汉的砖，长宽比接近黄金分割。书报的对开、四开、八开、十六开、三十二开是按黄金分割裁的。华罗庚的优选法也是黄金分割。以后有的人对于日用品或工艺品矩形的边的长宽设计，线段间的比取其近似1：0.618，并从数学上找到这样一个简便的规律，即按照数列2、3、5、8、13、21、34……中得出2：3、3：5、5：8、8：13……等的比值都是黄金分割的近似值。

比例是一个数学关系而不仅是感觉关系。比例论对文艺复兴时代的艺术家有极大的吸引力，被称为神圣的比例。十九世纪末叶，朱理安·伽代发现了某些物体比例优美的秘密。他说："优美的比例是纯理性的，而不是直觉的产物，每一个对象都有潜在于本身之中的比例。如果说和谐便是美，那么比例是美观的基础，"美感完全建立在各部分之间神圣的比例关系上。

但是也有人怀疑黄金分割是否是美的唯一比例，事实上除黄金分割以外的比例也有是美的。例如火车长与宽之比就不符合黄金分割的比例，但它的造型不可否认是美的造型。现代还出现了探求美的比例的新的数比关系，如等差数列比、等比数列比及费波纳奇数列比等。随着时代的演进，人们的审美观念及审美习惯都在发生变化。万物的本原不是数，那怕是黄金分割也不应看作是永恒不变的形式美的比例，更不应该将艺术纳入纯数学的推导。

比例体现在园林景物的体型上，具有适当美好的关系，其中既有景物本身各部分之间的比例关系，也有景物之间、个体与整体之间的比例关系，这些关系难以用精确的数字来表达，而是属于人们感觉上和经验上的审美概念。

（二）尺度　　和比例密切相关的另一个特性是尺度。尺度是指人与物的对比关系。比例只能表明各种对比要素之间的相对数比关系，不涉及对比要素的真实尺寸，仿佛照片的放大和缩小一样，缺乏真实的尺度感。因而，在相同比率的情况下，对比要素可以有不同的具体数值。

为了研究建筑的整体与局部给人以视觉上的大小印象和其真实尺寸之间的关系，通常采取不变因素与可变因素进行对比，从其比例关系中衬托出可变因素的真实大小。这个"不变因素"就是"人"，因为人是具有众所周知的真实尺寸的，而且尺寸变化不大。以"人"为"标尺"是易于为人们所接受的。古希腊哲学家苏格拉底说："能思维的人是万物的尺度"。例如，人们通常不用尺子而用人的几围来量度古树名木树干的周长。又如在野外摄影，为了要说明所摄对象（树、石、塔、碑等）的真实大小，常常傍立一人为标尺，使读者马上能判断出对象有几人高的真实大小来。这种以人为标尺的比例关系就是"尺度"。生活中许多构件或要素与人有密切的关系，如栏杆、扶手、窗台、踏步、桌椅以及板凳等，根据使用功能要求，它们基本上保持不变的尺寸，所以在建筑构图上也常常将它们作为"辅助标尺"来使用。园林绿地构图的尺度是以人的身高和使用活动所需要的空间为视觉感知的量度标准。

一般情况下，对比要素给予人们的视觉尺寸与其真实尺寸之间的关系是一致的，这就是正常尺度（自然尺度），这时景物的局部及整体之间与人形成一种合乎常情的比例，或形成常情的空间，或形成常情的外观。如果视觉尺寸小于或大于真实的尺寸就会产生特殊的感受，人们都乐于领受大型雕刻乐山大佛的大尺寸和庄丽景象；也都喜欢与成人相同的尺度，如哈尔滨市斯大林公园中的雕塑"起步"、"晨读"、"浴女"等等具有亲切宜人的特点；也喜欢比成人小得多的尺度，如哈尔滨市儿童公园的小火车，坐在小火车上使人产生回到童年的感受。任何一个景物在其不同的环境中，应有不同的尺度，在特定的环境中应有特定的尺度。如在这个环境中景物成功的尺度，当搬到另一个环境中时，就未必成功。要形成一个完美的空间造型艺术，任何一个景物在它所处的环境中都必须有良好的比例与尺度，亦即是指景物本身与景物之间有良好的比例关系的同时，景物在其所处的环境中要有合适的尺度。比例寄于良好的尺度之中，景物恰当的尺度也需要有良好的比例来体现。比例与尺度原是不能分离的，所以人们常把它们混为一谈。所谓"尺度"在西方认为是十分微妙而难以捉摸的原则，其中包含着比例关系，也包含着协调、匀称和平衡的审美要求。日本的古典园林，由于面积小，传统上的布置无论是树木还是岩石或其它装饰小品都是小型的，使人感到亲切合宜。美国华盛顿国会大厦前水池、草地、大乔木、纪念碑等都是大型的，使人感到宏伟。这两种不同的感觉都是所采用的比例和尺度恰当而形成的。在规划设计中从局部到整体、从个体到群体到环境，从近期到远期，相互之间的比例关系与客观所需要的尺度能否恰当地结合起来，是园林艺术设计成败的关键。园林中有许多设计，特别是植物配置设计，在树木定植的最初几年，它们本身与整体之间的比例与尺度是恰当的，但随着岁月的增加，树木就会失去最初认为和谐的比例与尺度。如苏州古典园林中的山水亭桥在高大的古树名木的对比下，已变成了土丘和小水沟了，亭桥更是矮小不堪，完全失去了一勺水江湖万里，一峰山太华千寻的魅力。亦有树木在定植的初期比例与尺度并不恰当，但到一二十年后树木的比例与尺度都达到了最佳的程度，如杭州花港观鱼公园的雪松大草坪。

比例与尺度原是建筑设计上的基本概念，也同样适用于园林艺术构图，比例与尺度运用恰当，将有助于绿地的布局与造景艺术的提高。英国美学家夏夫兹博里说："凡是美的都是和谐的和比例合度的"。所谓合度应理解为"增之一分则太长，减之一分则太短；施朱则太赤，傅粉则太白"。简而言之，合度就是"恰到好处"。

第二节　多样统一规律在园林构图中的运用

世界上的万事万物都不是孤立存在的，它们之间有着错综复杂的和千丝万缕的联系，而事物发展的规律性恰好就孕育或包含于这种联系之中，规律就是事物间的本质联系。所以，18 世纪法国资产阶级启蒙思想家狄德罗便提出了美在"关系"的著名论点。"美在关系"但不是所有关系都是美的，只有称得上和谐的关系才是美的关系。如果把众多的事物，通过某种关系联系在一起，获得了和谐的效果，这就是多样统一。多样统一规律是一切艺术领域中处理构图的最概括、最本质的原则，园林构图亦莫能外。多样就意味着不同，不同就存在着差异，有差异就是变化。因此，多样就同变化等同起来，所以多样统一亦可称为变化统一。统一就是协调，亦就是和谐，没有多样就无所谓统一，正因为有了多样才须要统一。多样统一规律反映了一个艺术作品的整体构图中的各个变化着的因素之间的相互关系。

以音乐与绘画为例，如果音乐缺乏变化，就将产生单调枯燥的感觉，令人厌倦；如果缺乏统一，则音乐中只有噪音，使人感到刺耳难忍。同样的，绘画只有变化而没有统一，使人感到杂乱无章，如果画面缺乏变化，就会使人感到平淡无奇。一件艺术作品的重大价值，不仅在很大程度上依靠构成要素之间的差异性，而且还有赖于艺术家把它们安排得统一。或者说，最伟大的艺术是把最繁杂的多样变成最高度的统一，这已经为人们普遍承认的事实。园林构图中的多样化是客观存在的，是不成问题的，而在园林构图中要把势在难免的多样化组成引人入胜的统一，却是比较困难的。因此，我们在本节中着重讨论实现园林构图统一的各种手法问题。

一、因地制宜、因情制宜、合理布局

根据园林绿地的性质、功能要求和景观要求，把各种内容和各种景物，因地制宜和因情制宜地合理布局，是实现园林构图多样统一的前提，非此无可言他。

二、调整好主从关系

通过次要部位对主要部位的从属关系达到统一的目的。借用苹果树的整形修剪来说明构图的主从关系。一株高产的苹果树，必须要有坚强的主干和中央领导干，还要有着生在主干和中央领导干上分布均匀的主枝。主干、中央领导干以及主枝构成了树体的骨架，为果树丰产奠定了基础。再由各个主枝上分出各级侧枝，各级侧枝之间的关系是互相谦让又互相嵌合，上不掩下，右不挤左，均匀分布，构成了苹果树的庞大树冠。为了避免各级枝条争夺阳光、养分和水分，需要将树冠中的重叠枝、交叉枝、徒长枝、纤弱枝和影响通风透光的内膛枝剪除，随时调整各级枝条之间的从属关系，平衡生长势力，使光照、水分以及养分得到合理分配，方能达到丰产和稳产的目的。从树形的外观上看，有主有从，完整统一，充分印证了英国哲学家休谟关于"美是各部分之间这样一种秩序和结构"的论点。在园林中也要有明确的从属关系，在众多的构景空间中，必有一个空间在体量上或高度上起主导作用，其它大小空间起陪衬或烘托作用。同样，在每个空间中也一定要有主体与客体之分，主体是空间构图的重心或重点，也起主导作用，其余的客体对主体起陪衬或烘托作用。这样主次分明，相得益彰，才能共存于统一的构图之中。若是主体孤立，缺乏必要的配体衬托，即形成孤家寡人。如过分强调客体，喧宾夺主或主次不分，都会导致构图失败。所以整个园林构图乃至局部都需要重视这个问题。凡是成为名园的构图，重点必定突出，主次必定分明；凡是缺乏重点，主次不分明的园林，其景观必然紊乱或贫乏，缺乏强烈的艺术感染力，很难引人入胜，更谈不上构图的统一性。由此可见，在构图中建立良好的主从关系是达到统一的重要条件。

三、建立次要景物之间良好的协调关系

在众多的次要景物之间建立良好的协调关系，是构图达到统一的重要手段。各次要景物之间的关系虽不同于苹果树各级侧枝之间的关系，但彼此之间也应有一定的相关性，成为整体构图中不可缺少的成员。以南京雨花台烈士陵园北殉难处为例，这个局部是该园构图的第一个空间，即自正门入口广场竖立的用淡色花岗岩饰面的碑式立柱，组成开敞式的

入口园门开始，到由宽阔的通道正对殉难处的一组纪念性群雕止。空间范围有 51—132m，纵深空间约 150m，烈士的群雕是这个空间的主题。在相对的两个门柱上，各塑着一个水泥塑的花圈，突出了公园的性质和人们对烈士沉痛悼念的心情。从入口到主题之间的地面分成三层不同高度的台地，把主题的基座推高到 7m 左右。主题的背景是为三面林木环抱的高地，使主景在背景的衬托下十分醒目。用对称排列的龙柏构成宽为 15m 的通向群雕的一条主轴线，一方面显示主题的严肃性和庄严伟大的意义，另一方面加强了对主题的透视作用，把人们的视线引向主题，使主题更加突出。在主轴线的两侧，各有一条宽为 6m 与主轴线平行的路，与龙柏相对应的路的另一侧为雪松和冷杉。雪松体型较龙柏粗壮，构成主轴线的外围，是用来陪衬龙柏，起壮大空间气氛的作用。沿着每条绿带的边缘种植瓜子黄杨和书带草等装缘植物，使绿带轮廓整齐清晰。用紫叶李和紫薇等树种增加夏季色彩对比，使过于严肃的空间，增加了一点活跃感。在群雕周围的山坡上，遍植红枫与杜鹃，一方面增加春秋二景，另一方面又象征着泣血杜鹃与碧血丹心之意。这些布置说明了构图中的各个景物的选择和安排，都是为了加强主题，在各自的岗位上发挥作用。同时它们之间又以一定的构图形式互相连系着，用合适的比例与尺度，合适的节奏与韵律以及动势与均衡等艺术法则，使之产生一种既和谐又庄严的美，这就是统一（图 6-3）。

四、调和与对比

构图中各种景物之间的比较，总有差异大小之别。差异小的亦即这些景物比较类同，共性多于差异性，把这些类同的景物组合在一起，容易协调，这类景物之间的关系便是调和关系。有些景物之间的差异很大，甚至大到对立的程度，把差异性大于共性的这类景物组合在一起，它们之间的关系便是对比关系。但须注意的是对比与调和只存在于同一性质的差异之间，如体量大小、空间开敞与封闭、线条的曲与直、颜色的冷与暖、光线的明与暗、材料质感的粗糙与光滑等等，而不同性质的差异之间不存在调和与对比，如体量大小与颜色冷暖是不能比较的。现将对比与调和分述如下：

（一）**调和**　调和本身就意味着统一。调和手法广泛应用于建筑、绘画、装潢的色彩构图中，采取同一色调的冷色或暖色，用以表现某种特定的情调和气氛，十分耐人寻味。在建筑渲染图中，采用类似的色调与柔和的光影，表现建筑物所具有沉静和优雅的气氛。这种画法又擅长捕捉环境中的空气感，适于表达清晨或黄昏时刻雾气迷离的景象，引起人们联想的意境是广阔而又生动的。

调和手法在园林中的应用，主要是通过构景要素中的岩石、水体、建筑和植物等的风格和色调的一致而获得的。尤其园林的主体是植物，尽管各种植物在形态、体量以及色泽上有千差万别，但从总体上看，它们之间的共性多于差异性，在绿色这个基调上得到了统一。总之，凡用调和手法取得统一的构图，易达到含蓄与幽雅的美。美国造园家们认为城市公园里不宜使用对比手法，他们主张那里需要精神上、功能上、形式上和材料上的恰如其分，四周充满着和谐统一的环境，比起对比强烈的景物更为安静。

（二）**对比**　在造型艺术构图中，把两个完全对立的事物作比较，叫作对比。凡把两个相反的事物组合在一起的关系，称为对比关系。通过对比而使对立着的双方达到相辅相成，相得益彰的艺术效果。这便达到了构图上的统一。对比是造型艺术构图中最基本的手法，所

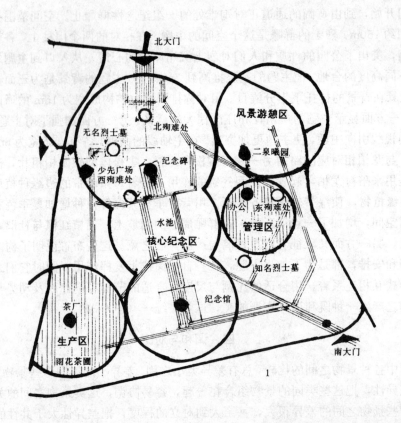

北大门

风景游憩区

无名烈士墓　　北殉难处

少先广场　　　纪念碑
西殉难处

二泉曦园

办公　　东殉难处

水池　　　　　　　管理区

核心纪念区

知名烈士墓

茶厂

生产区　　　　　　纪念馆

雨花茶圃

南大门

1

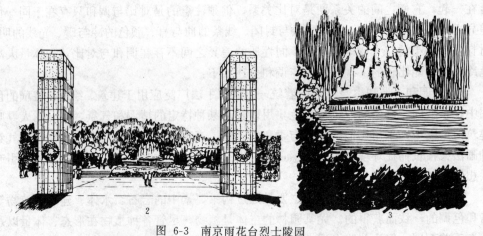

2　　　　　　　　　　　　3

图 6-3　南京雨花台烈士陵园

1. 烈士陵园分区示意图　2. 入口广场，在广场上竖立由浅色花岗石
饰面的碑式门柱，组成开敞式的入口园门，中轴线上宽阔的通道正对
北殉难处的纪念塑像　3. 北殉难处，在纪念碑主峰北坡的山脚下，建
有殉难烈士纪念群像，在草坪和松林的衬托下形象鲜明，气势浩然

有的长宽、高低、大小、形象、光影、明暗、浓淡、深浅、虚实、疏密、动静、曲直、刚
柔、方向等等的量感到质感，都是从对比中得来的。

1. 形象对比　有长宽、高低、大小、粗细、方圆、刚柔等等不同形象的对比。以低衬高、以小衬大、以细衬粗、以柔衬刚，以方衬圆都能造成人们的错觉，使长者愈显其长，高者愈显其高，大者愈显其大等等，反之亦然。例如天安门广场上的人民英雄纪念碑，岸边的水杉林都取得了高与低、水平与垂直的对比效果。地形地貌中的山水对比；高地与平地的对比；水陆对比；主景与背景的对比；大园的开敞明朗与小园的封闭幽静的对比；平静水体与流动水体的对比；建筑与植物的对比；乔木与灌木的对比；棕榈叶与针叶的对比等等都是形象的对比。

2. 体量对比　把体量大小不同的物体，放在一起进行比较，则大者愈显其大，小者愈显其小。但是把两个体量相同的物体分别放在两个大小不同的空间内进行比较，能予人以不同的量感。如两块体量相同的峰石，把一块置于开阔的草坪上，而把另一块置于闭合的天井里，则前者会感其小，而后者会感其大，这是由于对比而产生的"大中见小和小中见大"的道理。这种大小的感觉原本是相对的。体量对比达到和谐的重要手段是比例。体量不同，但比例相同的物体放在一起，较易达到和谐的目的。

3. 方向对比　在园林规划设计中的主副轴线形成平面上方向的对比；山与水形成立面上方向的对比。在建筑组合上的立面处理，有横向处理、纵向处理以及纵横交叉处理等等，可使空间造型产生方向上的对比。方向对比取得和谐的关键是均衡。

4. 空间开合收放的对比　颐和园中苏州河的河道由东向西，随万寿山后山山脚曲折蜿蜒，河道时窄时宽，两岸古树参天，影响到空间时开时合，时收时放，交替向前，通向昆明湖。合者，空间幽静深邃；开者，空间宽敞明朗；在前后空间大小的对比中，景观效果由于对比而彼此得到加强。最后来到昆明湖，则更感空间之宏大，湖面之宽阔，水波之浩渺，使游赏者的情绪，由最初的沉静转为兴奋，再沉静，再兴奋；把游人情绪引向高潮，感到无比兴奋。这种对比手法在园林空间的处理上是变化无穷的。

5. 明暗的对比　由于光线的强弱造成空间明暗的对比，加强了景物的立体感和空间变化。"明"给人以开朗活跃的感受，"暗"给人以幽深与沉静的感受。一般来说，明暗对比强烈的空间景物易使人振奋，明暗对比弱的空间景物易使人宁谧。游人从暗处看明处，景物愈显瑰丽而灿烂，从明处看暗处则景物愈显深邃。明暗对比手法在空间开合收放的对比中，也表现得十分明显。林木森森的闭合空间显得暗，由草坪或水体构成的开敞空间则显得明。明暗对比手法，在古典园林中应用较为普遍。苏州留园和无锡蠡园的入口处理，都是先经过一段狭长而幽暗的弄堂和山洞，然后进入主庭院，深感其特别明朗。

6. 虚实对比　虚予人以轻松，实予人以厚重。山水对比，山是实，水是虚；建筑与庭院对比，则建筑是实，庭院是虚；建筑四壁是实，内部空间是虚；墙是实，门窗是虚；岸上的景物是实，水中倒影是虚。由于虚实的对比，使景物坚实而有力度，空凌而又生动。园林十分重视布置空间，处理虚的地方以达到"实中有虚，虚中有实，虚实相生"的目的。例如圆明园九洲"上下天光"，用水面衬托庭院，扩大空间感，以虚代实；再如苏州怡园面壁亭的镜借法，用镜子把对面的假山和螺髻亭收入镜内，以实代虚，扩大了境界。此外，还有借用粉墙、树影产生虚实相生的景色。

7. 色彩对比（参见第三章园林色彩构图）。

8. 质感对比　在园林绿地中，可利用植物与建筑、道路、广场、山石、水体等不同材料的质感，造成对比，增强艺术效果，即使植物之间也因树种不同，有粗糙与光洁、厚实与透明的不同，产生质感差异。利用材料质感的对比，可造成雄厚、轻巧、庄严、活泼或以人工胜或以自然胜的不同艺术效果。如云南石林的望峰亭建在密集如林的奇峰怪石之巅，通过形、色、质等的强烈对比，产生了奇丽的景色，吸引了众多的游人登亭远眺。

9. 疏密对比　疏密对比在园林构图中比比皆是。如群林的林缘变化是由疏到密和由密到疏和疏密相间，给景观增加韵律感。《画论》中提到"宽处可容走马，密处难以藏针"，故颐和园中有烟波浩渺的昆明湖，也有林木葱郁、宫室建筑密集的万寿山，形成了强烈的疏密对比。

10. 动静对比　六朝诗人王藉《入若耶溪》诗里有一联说："蝉噪林愈静，鸟鸣山更幽"。诗中的"噪"和"静"、"鸣"和"幽"都是自相矛盾的两个方面，作者却把它们撮合在一起，需要仔细玩味，方能知其奥妙。林荫深处有蝉常噪，可使环境凭添几分寂静之感。山谷之中有鸟啼鸣，益增环境之幽邃气氛。人们只有在夜深人静的时候，才能听到秒钟的滴答声，它表明四周万籁俱寂。在广州山庄旅社，有一处三叠泉，水声打破了山庄的幽静，这是静中有动，滴水传声，清新悦耳，但正是这水声的动反衬着环境的静，静得连滴水声都如此清晰，它使人联想到"风定花犹落，鸟鸣山更幽"的动静对比的诗句。在庭院中处理几滴水声，能把庭院空间提高到诗一般的境界。

动静对比在园林中表现在各个方面，而动是绝对的，静是相对的。"树欲静而风不止"，更何况有一些树体本身的千姿百态就蕴藏着一种动态美。亭、台、楼、阁等园林建筑原本是静止的，但它的飞檐翘角在静穆中有飞动之势，静态中有动势之美。

对比手法在园林艺术中，真可谓比比皆是，不仅表现在上述的各个方面，而且是错综复杂的。在两个景物中往往大小、高矮、色彩、形态、虚实、明暗、刚柔等等，同时存在着对比，例如园林建筑与形态万千的自然景物之间包含着形、色、质、明暗、光影、虚实、浓淡、刚柔等种种对比因素。建筑有自然景物的陪衬，建筑艺术才能得到充分的表现；而自然景物有了建筑物的点缀，如同画龙点睛般，使景色更加集中和更为生动。凡是通过对比而使对立着的双方能相辅相成，相得益彰，从而使人产生美感的构图，便是统一的构图。古希腊数学家斐安讲："和谐是杂多的统一，不协调因素的协调"。新毕达哥拉斯学派尼柯玛赫在《数学》一书中指出："一般地说，和谐起于差异的对立"。

调和与对比的区别就在于差异的大小，前者是量变，后者是质变，因而就成了矛盾的对立面，各以对方的存在为自己存在的前提。因而在园林艺术构图中，如果只有调和，没有对比，则构图欠生动；如果过分强调对比而忽略了调和，又难达到谧静安逸的效果。所以调和与对比在园林构图中是达到统一的两个对立面，作为矛盾的结构，强调的是对立因素之间的渗透与协调，而不是对立面的排斥与冲突。如"万绿丛中一点红"中的万绿，不仅说明了"绿"在构图中所占的量，也说明了同为绿色之间所存在的差异，不过这种差异是在同一色相的基础上的差异，都是类似色，是调和的；"一点红"也说明了在整体构图中所占的比例是极小的，仅有万分之一，但它与"绿"的差异却是很大的，大到对立的程度，虽然量很少，但由于有万绿的衬托而格外醒目，成为构图中的主题，"万绿"只是它的陪衬，构成了极为生动和谐的景观，调和与对比能够和谐的统一在整体构图之中。由此说明，调和景物在构图中所占的比例要大，而对比是指与大量调和的景物进行对比，就象鹤立鸡群一样，以突出调和景物的对立面，因此量宜小。这是在构图中突出主题以取得和谐的秘密。试想"万绿丛中万点红"，其景效将如何？双色等量齐观，不仅失去了主次，而且由于对比过于强烈，引起游人心情烦燥不安。当然我们也可以设想"万红丛中一点绿"的景观效果是否与"万绿丛中一点红"相同，尚须作进一步验证。对比与调和的统一，从本质上讲，是人类社会和自然界一切事物运动的发展规律，即对立统一规律是一致的，是对立统一规律在园林艺术构图中的体现。

五、渐　变

渐变是按一定顺序发生、发展的、连续的、逐渐的变化。例如自然界中一年四季的季相变化；天穹中自天空到地平线的色彩变化；人的视野由近到远，物体从清晰到模糊的过程，建筑墙面由于光源影响所呈现的由明到暗以及色彩上逐渐的转变等均属之。这种变化的范围，有时也可能是从对比的这一个极端逐渐变化为另一个极端。因此，渐变有时也包含着对比与调和两个因素，通过渐变的形式，把两个对立因素统一在同一个构图之中。这种构图方式给人以既含蓄又富于变幻的情思。

中国南北行程万余公里，在这冗长的行程中，气候变化是一个渐变过程，但也有因一山之隔而引起气候的突变。犹如秦岭山脉之阻隔，山之南北气候迥然不同，这就产生了急变，这是自然现象。反映在园林设计中，由一个空间转向另一个空间，时常采用渐变的手法，注重空间过渡，使景物之间容易协调统一。然而也并不排斥园林空间的突变，如处理园中园时，一定采取封闭式庭院，周围院墙高筑，与外界隔离，其中风景结构自成体系，无须采取过渡形式，这在构图中是允许的。与中国园林风格迥异的西洋园之所以能出现在圆明园中，就是用的这种手法。

六、节　律

在视觉艺术中，韵律与节奏本身是一种变化，也是连续景观达到统一的手法之一，同时园林空间的构图的艺术性很大部分是依靠韵律和节奏来获得的。

（一）韵律与节奏　韵律原是指诗歌中的声韵和节律。在诗歌中音的高低、轻重以及长短的组合，匀称的间歇或停顿，一定地位上相同音色的反复出现以及句末或行末用同韵同调的音相和叶，构成了韵律，它加强了诗歌的音乐性和节奏感（摘自《辞海》2039页）。节奏是音乐术语，音响运动的轻重缓急形成节奏，其中节拍强弱或长短交替出现而合乎一定的规律。节奏为旋律的骨干，也是乐曲结构的基本因素（摘自《辞海》552页）。韵律与节奏有其相同之处，也有它不同之处。相同之处是它们都能使人产生对音响的美感，不同之处是：韵律是一种有规律的变化，重复是产生韵律的前提，简单有力，刚柔并济，而节奏变化复杂，通过强烈的节奏，能使人产生高山流水的意境。节律是节奏与韵律所引起美感的总称。

自然界充满着有声与无声的节律，如大海波涛，一浪比一浪高，这是简单的节律。大海有时风平浪静，有时汹涌澎湃，能影响到人们的心胸，是心旷神怡或是激情满怀，从而谱写出一曲具有较复杂节奏的心之歌，这种节奏感是有声的；蓝天中的白云，轻重厚薄，有时象重重雪山，有时象群群绵羊，随风移动，变幻莫测，这种节律感是无声的，更难使人捉摸。在园林绿地中，也有节律的体现。如行道树、花带、台阶、蹬道、柱廊、围栅等都具有简单的节律感。复杂一些的如地形地貌、林冠线、林缘线、水岸线、苑路等的高低起伏和弯环曲折变化，还有静水中的涟漪，飞瀑的轰鸣，溪流的低语，空间的开合收放和相互渗透和空间流动，景观的疏密虚实与藏露隐显等都能使人产生一种有声与无声交织在一起的节律感。由于园林工作者对时空序列的巧妙安排，园林时空景物的变化。象贝多芬"田园交响乐"一样组成一曲绝妙的园林赞歌。阿柄的"二泉印月"和张若虚的"春江花月夜"都是有感于园林景观之美而谱写出来的乐曲。所以说音乐中用数的结构来表示节奏关系，使诉诸听觉的音乐和诉诸视觉的园林艺术有着内在的联系，所有美好的景物都能化无声为有声。可见园林景观也是其它艺术创作的源泉。

（二）**韵律与节奏是风景连续构图中达到和谐统一的必要手段**　宋朝画家李成说"密树稠林，断续防他刻板"，刻板就是不生动，没有节律，若是使林带有断有续、有疏有密、有宽有窄就能产生节奏。我们以最简单的行道树为例，如图6-4所示，在道路两旁各栽一行行道树，树种和大小完全一致，整齐划一，如同列队的卫士，威风凛凛，但缺乏变化，不能产生节奏。如果这样的排列长达数十公里，容易使驾驶员目眩和困乏。如果用两株冠形不同的行道树或在每两株行道树之间种一丛开花灌木，则有了变化如图6-4，即能产生1.2.1的简单有力的节奏。如我们再在行道树带前，种上一行绿篱，则在高低音之间又增加了一个和谐的音符。如若打破有规律的节奏，在道路两旁用多种树木花草布置成高低起伏，疏密相间的结构变化，则更富有节律感。由此可知韵律与节奏是风景连续构图中达到和谐统一的必要手段。

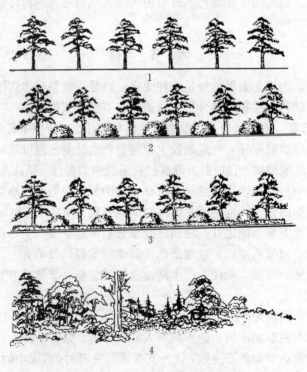

图 6-4　行道树的节奏变化

七、均　衡

均衡是视觉艺术的特性之一，是在艺术构图中达到多样统一必须解决的问题。自然界凡属静止的物体都要遵循力学原则，以平衡的状态存在，不平衡的物体或造景使人产生燥乱和不稳定感，亦即危险感。在园林中的景物一般都要求赏心悦目，使人心旷神怡，所以无论供静观或动观的景物在艺术构图上都要求达到均衡。均衡能促成安定，防止不安和混乱，给景物外观以魅力和统一。构图上的均衡虽与力学上的平衡的科学含义一致，但纯属于感觉上的。均衡有对称和非对称均衡两种类型，现分述如下：

1. 对称均衡　其特点是：（1）一定有一条轴线；（2）景物在轴线的两边作对称布置。如果布置的景物从形象、色彩、质地以及分量上完全相同，如同镜面反映一般，称为绝对对称。如果布置的景物在总体上是一致的，而在某些局部却存在着差异的称为拟对称。最典型的例子如寺院门口的一对石狮子，初看是一致的，细看却有雌雄之别。凡是由对称布置所产生的均衡就称为对称均衡。对称均衡在人们心理上产生理性的严谨，条理性和稳定感。在园林构图上这种对称布置的手法是用来陪衬主题的，如果处理恰当，主题突出，井然有序。如法国凡尔赛公园那样，显示出由对称布置所产生的非凡的美，成为千古佳作。但如果不分场合，不顾功能要求，一味追求对称性，有时反而流于平庸和呆板。英国著名艺术家荷加兹说："整齐、一致或对称只有在它们能用来表示适宜性时，才能取悦于人"。如果没有对称功能要求与工程条件的，就不要强求对称，以免造成削足适履之弊。

2. 不对称均衡　自然界中除了日、月、人和动物外，绝大多数的景物是以不对称均衡存在的。尤其我国传统园林都是模山范水，景观都以不对称均衡的状态存在。在景物不对称的情况下取得均衡，其原理与力学上的杠杆平衡原理颇有相似之处。一个小小的秤铊可以与一个重量比它大得多的物体取得平衡，这个平衡中心就是支点。调节秤铊与支点的距离可以取得与物体重量的平衡。所以说在园林布局上，重量感大的物体离均衡中心近，重量感小的物体离均衡中心远，二者因而取得均衡。国画中常有近处的山石与远处的一叶轻舟相均衡的处理，齐白石画中的花、鸟、鱼、虫在布局上与题词和印章取得均衡，用的也是这个原理。

中国园林中假山的堆叠，树桩盆景和山石盆景的景物布置等等也都是不对称均衡。不对称均衡构图的美学价值，大大超过对称均衡构图的美学价值，可以起到移步换景的效果。不过在构图时要综合衡量构成园林绿地的物质要素的虚实、色彩、质感、疏密、线条、体型、数量等等给人产生的体量感觉，切忌单纯考虑平面构图，还要考虑立面构图，要努力培养对景物的多维空间的想象力，用立视图和鸟瞰图以及模型来核实对创作的判断力。

所有景物小至微型盆景，大至整个绿地以及风景区的布局，都可采用不对称均衡布置，它在人们的心理上产生偏感性的自由灵活，它予人以轻松活泼的美感，充满着动势，故又可称为动态平衡。

综上所述，因地制宜，因情制宜地调整好主从关系，正确运用调和与对比、渐变、节律、均衡等在构图中最基本最常见的手法，均可由"多样统一"这一根本原则概括之。为了表现主题，也必须从被描绘的对象最本质的特征之中，寻求最合适的手法。在成功的绘画实例中可以看到，一方面，作者运用了某种手法恰当地表现了某一对象；另一方面，也可以说某一对象正需要通过一种特定的手法才能得到最好的表现。所谓"没有斧凿之痕"者就是手法本来就寓于题材之中。园林艺术是一项综合性艺术，在设计中并不是采用某一种手法可以达到完善的结果，而是须要综合运用各种手法，方能达到最佳的艺术效果。

第七章　园林绿地的规划结构

第一节　相地与立意

（一）**相地**　相地是指园址的选择、勘察与评价。园林绿地应建立在风景优美，有山水之胜的地方，这种地方只要稍加人工整理，就能成为游览胜地。如《园冶》中所述："自成天然之趣，不烦人工之事"。"相地合宜，构图得体"就能起到事半功倍之效果。自古以来，名园胜景之形成，如杭州西湖、安徽黄山、江西庐山、北京颐和园和承德避暑山庄等，无不建立在这个原则上。

（二）**立意**　即"意在笔先"。在规划之先，要实地勘察、测绘，掌握情况，明确绿地性质和功能要求，然后确定风格和规划形式，做到成竹在胸。

第二节　园林绿地布局的一般规律

清·布图《画学新法问答》中，论及布局要"意在笔先"。"铺成大地，创造山川，其远近高卑，曲折深浅，皆令各得其势而不背，则格制定矣。然后相其地势之情形，可置树木处则置树木，可置屋宇处则置屋宇，可通人径处则置道路，可通旅行处则置桥梁，无不顺适其情，克全其理"。园林布局与此论点极为相似，造园亦应该先设计地形，然后再安排树木、建筑和道路等。如果"漫无成见，……未营山川先营树木，……式定之后，方觅石以就树，复以树就山，……随笔杂凑，零星添补，失其天然之趣，就会格势不顺，脉络不通，气懦而逼促"了。画山水画与造园其理虽相通，但园林毕竟是一个游赏空间，应有它自身的规律。

园林绿地类型很多，有公共绿地、街坊绿地、专用绿地、道路绿地、防护绿地和风景游览绿地等。这些类型由于性质不同，功能要求亦就不尽相同。就以公园来说，就有市文化休息公园、区公园、动物园、植物园、森林公园、科学公园、纪念性公园、古迹公园、雕塑公园、儿童公园、盲人公园以及一些专类性花园，如兰圃、蔷薇园、牡丹园、芍药园等等。显然这些类型公园性质的不同，功能要求也必然会有差异，再加上各种绿地的环境、地形地貌不同，园林绿地的规划设计很少能出现两块相同的情况。"园以景胜，景因园异"，园林绿地的规划设计不能象建筑那样搞典型设计，供各地套用。必然因地制宜，因情制宜。因此园林绿地的规划设计，真可谓千变万化，但纵然变化无穷，总有一定之轨，这个"轨"便是客观规律。

一、明确绿地性质

明确绿地的性质，绿地性质一经明确，也就意味着主题的确定。

二、确定主题或主体的位置

主题与主体的意义是一致的，主题必寓于主体之中。以花港观鱼公园为例，花港观鱼公园顾名思义，应以鱼为主题，花港是构成观鱼的环境，亦就是说，不是在别的什么环境中观鱼，而是在花港这一特定环境中观鱼，正因为在花港观鱼，才产生了"花着鱼身，鱼嘬花"的意境，这与在玉泉观鱼大异其趣。所以花港观鱼部分就成为公园构图的主体部分。同理，曲院风荷公园的主题为荷，荷花到处都有，所不同的是其环境，不是在别的什么地方欣赏荷花，而是在曲院这个特定的环境中观荷，则更富诗情画意。荷池就成为这个公园的主体，主题荷花寓于主体之中。主题必寓于主体之中这是常规，当然也有例外，如宝俶塔的位置便不在西湖这个主体之中，但它却成为西湖风景区的主景和标志。

主题是根据绿地的性质来确定的，不同性质的绿地其主题并不一样。如上海鲁迅公园是以鲁迅的衣冠冢为主题的；北京颐和园是以万寿山上的佛香阁建筑群为主题的；北海公园是以白塔山为主题的。主题是绿地规划设计思想及内容的集中表现，整个构图从整体到局部，都应围绕这个主题做文章。主题一经明确，就要考虑它在绿地中的位置以及它的表现形式。如果绿地是以山景为主体的，可以考虑把主题放在山上（广州越秀公园的五羊雕塑是放在山上的）。如果是以水景为主体的，可以考虑把主题放在水中；如果以大草坪为主体，主题可以放在草坪重心的位置，一般较严肃的主题，如烈士纪念碑或主雕可以放在绿地轴线的端点或主副轴线的交点上。

主体与主题确定之后，还要根据功能与景观要求区划出若干个分区，每个分区也应有其主体中心，但局部的主体中心，都应服从于全园的构园中心，不能喧宾夺主，只能起陪衬与烘托作用。

三、确定出入口的位置

绿地出入口是绿地道路系统的起点与终点。特别是公园绿地，它不同于其它公共绿地，为了便于养护管理和增加票房收益，在现阶段，我国公园都是封闭型的，必需有明确的出入口。公园的出入口，可以有几个，这取决于公园面积大小和附近居民活动方便与否。主要出入口，应设在与外界交通联系方便的地方，并且要有足够面积的广场，以缓冲人流和车辆，附近还要有足够的空场作停车场。次要出入口，是为方便附近居民在短时间内可步行到达而设的，它大多设在居民区附近，还有设在便于集散人流而不致于对其它安静地区有所干扰的体育活动区和露天舞场的附近。此外还有园务出入口。交通广场、路旁和街头等处的块状绿地也应设有多个出入口，便于绿地与外界联系和通行方便。

四、功能分区

由于绿地性质不同，其功能分区必然相异，现举例说明之。

例一　文化休息公园的功能分区和建筑布局　公园中的休息活动，大致可分为动与静两大类。园林规划设计的目的之一是为这两类休息活动创造优越的条件。安静休息在公园的活动中应是主导方面，满足人们安静休息，呼吸新鲜空气，欣赏美丽的风景，调节精神，恢复疲劳是公园的基本任务，也是城市其它用地难以代替的。为什么说公园是城市的"天窗"，是大自然的"信息库"，概因公园中，树木花草多，空气新鲜，阳光充足，生境优美，再加有众多的植物群及其对大自然变化的敏感性等。所以安静休息部分，在公园中所占面积应最大，分布最广，都由丰富多采的植被与湖山结合起来，构成大面积风景优美的绿地，包括山上、水边、林地、草地、各种专类性花园，药用植物区以及经济植物区等等。结合安静休息，为了挡烈日，避风雨和点景与赏景而设的园林建筑，如在山上设楼台以供远眺，在路旁设亭以供游憩，在水边设榭以供凭栏观鱼，在湖边僻静处设钓鱼台以供垂钓，沿水边设计长廊进行廊游，房接花架，作室内向外的延伸，设茶楼以品茗。在本部分可以作林中散步，坐赏牡丹，静卧草坪，闻花香，听鸟语，送晚霞，迎日出，饱餐秀色。总之，在这儿能尽情享受居住环境中所享受不到的园林美。

公园中动的休息，包括的内容十分丰富，大致可分为四类，即文艺、体育、游乐以及儿童活动等。文艺活动有跳舞、音乐欣赏，还有书画、摄影、雕刻、盆景以及花卉等展览；体育活动诸如棋艺、高尔夫球、棒球、网球、羽毛球、航模和船模等比赛活动，以及为青少年活动的"勇敢者之路"等等。游乐活动名目繁多，还有儿童活动的各种项目。对上述众多活动项目，在规划中取其相近的作相对集中，便于管理。同时亦要根据不同性质活动的要求，去选择或创造适宜的环境条件。如露天舞池宜安排在林中草坪内与外界作相对隔离，为跳舞活动创造优美的环境，使舞者产生高雅的情趣；露天音乐厅宜放在远离闹区的僻静之处，设在与观众席上有一水之隔的小岛上，与演奏台相对应的岸边上，用树墙围成一个弧形的场地，听众静聆从水面上飘来的音乐，使人神往，棋艺虽然属于体育项目，但它须要在安静环境中进行；书画、摄影、盆景以及插花等各种展览活动，亦需要在环境幽美的展览室中进行，还有各种游乐活动亦需要乔灌木花草，将其分隔开来，避免互相干扰。总之，凡在公园中进行的一切活动，都应有别于在城市其它地方进行，最大的区别就在于公园有绿化完美的环境，在这儿进行各项活动都有助于休息，陶冶心情，使人恢复疲劳、精神焕发。凡活动频繁，游人密度较大的项目及儿童活动部分，均宜设在出入口附近，便于集散人流。

经营管理部分　经营管理部分包括公园办公室、圃地、车库、仓库和公园派出所等。公园办公室应设在离公园主要出入口不远的园内或为了与外界联系方便也可设在园外，不影响执行公园管理工作的适当地点。其它设施一般布置在园内的一角，不被游人穿行，并设有专用出入口。

以上列举的功能分区，要根据绿地面积大小，绿地在城市中所处的位置，群众要求以及当地已有文体设施的情况来确定。如果附近有单独的游乐场、文化宫、体育场或俱乐部等，则在公园中就无须再安排相类似的活动项目了。

总之，公园内动与静的各种活动的安排，都必须结合公园的自然和环境条件进行，并利用地形和树木进行合理的分隔，避免互相干扰。但动与静的活动很难绝然分开，例如在风景林内设有大小不同的空间，这些空间可以用作日光浴场、太极拳练习场等，亦可用来开展集体活动，这就静中有动，动而不杂，能保持相对安静；又如湖和山都是宁静部分，但人们开展爬山和划船比赛活动时，宁静暂时被打破，待活动结束，又复归平静，即使活动量很大的游乐活动，亦宜在绿化完善的环境中进行，使在活动中渗透着一种宁谧，使游人的精神得到更高水平上的休息。所以功能分区，对儿童游戏部分，各种球类活动以及园务管理部分是需要的，其它活动可以穿插在各种绿地空间之内，动的休息和静的休息并不需要有明确的分区界线。

例二　儿童公园的布局　儿童公园不同于在综合性公园中为儿童开辟的一个区，这个区仅仅是综合性公园的附属部分。作为儿童公园其目的是为儿童创造丰富多采的、以户外活动为主的良好场所，寓教于玩，让儿童在玩耍中接触大自然，熟悉大自然；接触自然科学，热爱自然科学，从而锻炼身体，增长知识，使他们在德、智、体、美诸方面健康成长。儿童公园的服务对象，是 2 岁以上到 15 岁以下的孩子。服务对象的年龄跨度大，他们在智力、活动能量和活动要求上有很大差异。为了要适应不同年龄组儿童活动的需要，就应分为 2—4 岁的幼儿游戏区、4—7 岁的学龄前儿童游戏区、7—10 岁的小学生活动区以及 10 岁以上的初中学生活动区等。除了上述分区外，还要有开展室内活动的建筑，最好把少年宫设在儿童公园内，作为公园的主题建筑，这样，保证了儿童公园室内外的各种活动以满足各类儿童的爱好。以上各类分区，亦需要结合地形、地貌进行规划。例如，幼儿活动区应设在公园出入口附近平缓地段，最好是疏林草地。在草地上设有沙池和幼儿涉水池，有安全设施的翘翘板，荡船、攀架、小木屋、洞穴等供幼儿玩耍。在草地里可安 放拼接的小木凳，展示一些典型的昆虫以及各种小动物模型供儿童识别，在游玩中增长知识。为小学生设置的活动区有野营篝火、跨跃障碍物、放风筝、游泳、划船、滑冰等等活动。少年活动区可建立在水边和山坡上，以便开展多种活动，根据他们年轻好动、精力旺盛以及不怕冒险、勇于探索的精神，组织他们爬山涉水和跨跃各种障碍物等，培养他们坚韧不拔的意志。当然儿童和青少年的活动，远不止此，只是举例罢了。以上各个分区和某些活动，都应结合地形等实际情况进行合理布局。

例三　烈士陵园　建立烈士陵园的目的，是对死者纪念和对生者教育，起到继承先烈遗志，为之奋斗的作用，因而要求布局严谨。从正门着手，用渐层的手法，级级上升，把来访者的肃穆情绪逐渐推向高潮。柏林原苏军阵亡将士纪念碑的规划布局就是很好的例证（图 7-1）。

五、景色分区

凡具有游赏价值的风景及历史文物，并能独立自成一个单元的景域称为景点。景点是构成绿地的基本单元。一般园林绿地，均由若干个景点组成一个景区，再由若干个景区组成风景名胜区，若干个风景名胜区构成风景群落。

北京圆明园大小景点有 40 个，承德避暑山庄有 72 个。景点可大可小。较大者，如西湖十景中的花港观鱼、柳浪闻莺、曲院风荷、三潭印月等由地形地貌、山石、水体、建筑以及植被等组成的一个比较完整而富于变化的、可供游赏的空间景域；而较小者，如雷锋夕照、秋瑾墓、断桥残雪、双峰插云、放鹤亭等，可由一亭、一塔、一树、一泉、一峰、一墓所组成。

景区为风景规划的分级概念，不是每一个园林绿地均有的，要视绿地的性质和规模而定。把比较集中的景点用道路联系起来，构成一个景区。在景区以外也还存在着独立的景点，这是自然现象，如浙江省的瑶琳仙境，作为一个景点独立于西湖风景名胜区之外而存在，因为瑶琳仙境离西湖尚有 100 多公里，然而它可以构成两江一湖风景群落的一部分。

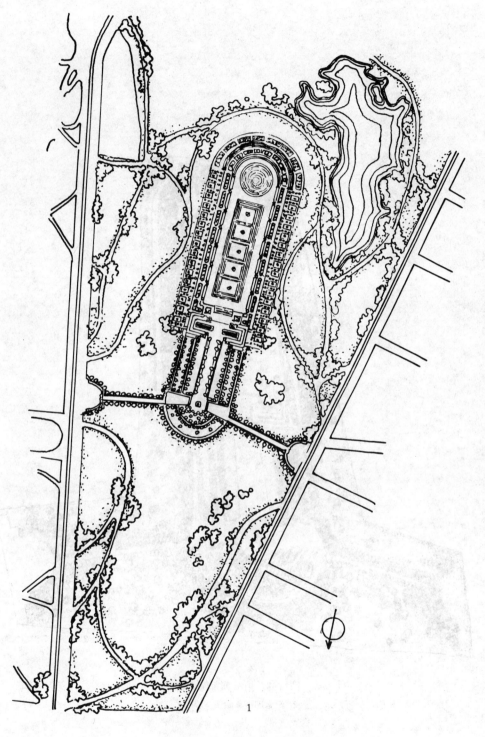

1

图 7-1　柏林苏军纪念碑

1. 柏林苏军纪念碑群总平面图

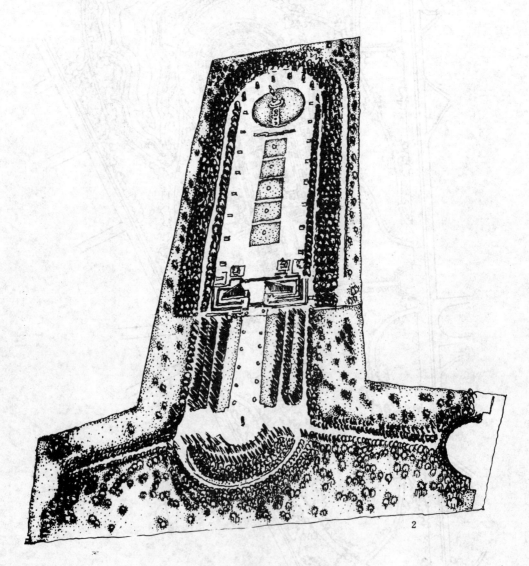

2

图 7-1　柏林苏军纪念碑

2. 纪念碑群鸟瞰图（模型）

图 7-1　柏林苏军纪念碑

3. 纪念碑群中央部分透视图（设计草图）

作为一个名胜区或大型公园，都应具有几个不同特色的景区，亦即景色分区，它是绿地布局的重要内容。景色分区有时也能与功能分区结合起来。例如杭州市花港观鱼公园，充分利用原有地形特点，恢复和发展历史形成的景观特点组成鱼池古迹、大草坪、红鱼池、牡丹园、密林区、新花港等六个景区。鱼池古迹为花港观鱼旧址，在此可以怀旧，作今昔对比；花港的雪松大草坪不仅为游人提供气魄非凡的视景空间，同时也提供了开展集体活动的场所；红鱼池供观鱼取乐；牡丹园是欣赏牡丹的佳处；密林区有贯通西里湖和小南湖的新花港水体，港岸自然曲折，两岸花木簇锦，芳草如茵。所以密林既起到空间隔离作用，又为游人提供了一个秀丽娴雅的休息场所；新花港区有茶室，是品茗坐赏湖山景色的佳处。然而景色分区往往比功能分区更加深入细致，要达到步移景异，移步换景的效果。各景色分区虽然有相对独立性，但在内容安排上要有主次，在景观上要相互烘托和互相渗透，在两个相邻景观空间之间要留有过渡空间，以提供景色转换的过程，这在艺术上称为渐变。处理园中园则例外，因为在传统习惯上，园中园为园墙高筑的闭合空间，园内景观设计自成体系，不存在过渡问题，这就是艺术上的急转手法在园林设计中的体现。

六、风景序列、导游线和风景视线

风景序列　凡是在时间中开展的一切艺术，都有开始到终结的全部过程，在这过程中要有曲折变化，要有高潮，否则平淡无奇。无论文章、音乐还是戏剧都逃不出这个规律，园林风景的展示也莫能例外，通常有起景、高潮和结景的序列变化，其中以高潮为主景，起景为序幕，结景为尾声，尾声应有余音未了之意，起景和结景都是为了强调主景而设的。园林风景的展示，也有采用高潮与结景合二为一的序列，如德国柏林苏军纪念碑，当出现主景时，序列宣告结束，这样使得园林绿地规划设计的思想性更为集中，使游人产生的感觉更为强烈。北京颐和园在起结的艺术处理上，达到了很高的成就。游人从东宫门入内，通过两个封闭院落，未见有半点消息。绕过仁寿殿后面的假山，豁然开朗，喳大的昆明湖、万寿山、玉泉山、西山诸风景以万马奔腾之势，涌来眼底，到了全园制高点佛香阁，居高临下，山水如画，昆明湖辽阔无边，这个起和结达到了"起如奔马绝尘，须勒得住而又有住而不住之势；一结如众流归海，要收得尽而又有尽而不尽之意"《东庄画论》的艺术境界，令人叹为观止。

总之，园林风景序列的展现，虽有一定规律可循，但不能程式化，要求创新，别出心裁，富有艺术魅力，方能引人入胜。

园林风景展示序列与看戏剧有相同之处，也有不同之处。相同之处，都有起始、展开、曲折、高潮以及尾声等结构处理；不同之处是，看戏剧需一幕幕地往下看，不可能出现倒看戏的现象，但倒游园的情况却是经常发生的。因为大型园林至少有两个以上的出入口，其中任何一个入口都可成为游园的起点。在组织景点和景区时，一定要考虑这一情况。在组织导游路线时，要与园林绿地的景点、景区配合得宜，为风景展示创造良好条件，对提高园林构图的艺术效果极为重要。

导游线　也可称为游览路线，它是连结各个风景区和风景点的纽带。风景点内的线路也有导游作用。导游线与交通路线不完全相同，导游线自然要解决交通问题，但主要是组织游览风景，使游人能按照风景序列的展现，游览各个景点和景区。导游线的安排决定于

风景序列展现手法。风景序列展现手法有:

1. 开门见山、众景先收　予游者以开阔明朗,气势宏伟之感,如法国凡尔赛公园、意大利的台地园以及我国南京中山陵园均属此种手法。

2. 深藏不露、出其不意　使游者能产生柳暗花明的意境,如苏州留园、北京颐和园、昆明西山的华亭寺以及四川青城山寺庙建筑群,皆为深藏不露的典型例子。

3. 忽隐忽现　入门便能遥见主景,但可望而不可及,主景在导游线上时隐时现,始终在前方引导,当游人终于到达主景所在地时,已经完成全园风景点或区的游览任务,如苏州虎丘风景区即采用这种手法。

在较小的园林中,为了避免游人走回头路,常把游览路线设计成环形,也可以环上加环,再加上几条越水登山的捷道即可。面积较大的园林绿地,可布置几条游览路线供游人选择。对一个包含着许多景区的风景群落或包含着许多风景点的大型风景区,就要考虑一日游、二日游或三日游程在内景点和景区的安排。

导游线可以用串联或并联的方式,将景点和景区联系起来。风景区内自然风景点的位置不能任意搬动,有时离主景入口很近,为达到引人入胜的观景效果,或者另选入口,或将主景屏障起来,使之可望而不可及,然后将游览线引向远处,使最终到达主景。

游览者有初游和常游之别。初游者应按导游线循序前进,游览全园景色;常游者则有选择性的直达所要去的景点或景区,故要设捷径,捷径宜隐不宜露,以免干扰主要导游线,使初游者无所适从。在这里需要指出的是,有许多古典园林如留园、拙政园和现代园林花港观鱼公园、柳浪闻莺公园以及杭州植物园等,并没有一条明确的导游线,风景序列不清,加之园的规模很大,空间组成复杂,层层院落和弯弯曲曲的岔道很多,入园以后的路线选择随意性很大,初游者犹如入迷宫之感。这种导游线带有迂回、往复、循环等不定的特点,然而中国园林的特点,就妙在这不定性和随意性上,一切安排若似偶然,或有意与不意之间,最容易使游赏者得到精神上的满足。

风景视线　园林绿地有了良好的导游线还不够,还需开辟良好的风景视线,给以良好的视角和视域,才能获得最佳的风景画面和最佳的意境感受(图 7-2)。

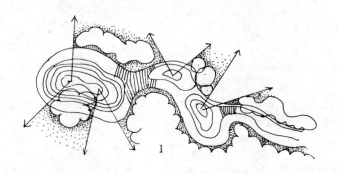

图 7-2　风景视线示例

1. 风景视线示例之一

综上所述，风景序列、导游线和风景视线三者是密不可分，互为补充的关系。三者组织得好坏，它关系到园林整体结构的全局和能否充分发挥园林艺术整体效果的大问题，必须予以足够的重视。

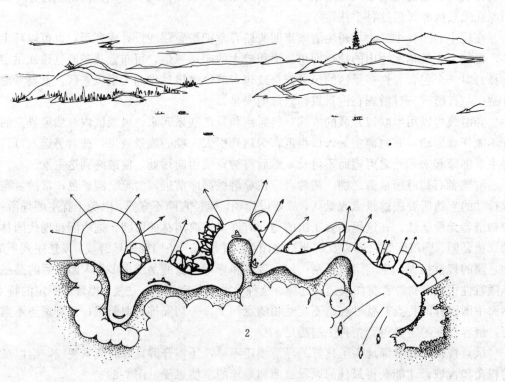

图 7-2 风景视线示例

2. 风景视线示例之二

第八章　园林绿地构图的基本规律

第一节　园林构图的意义与特点

一、园林构图的意义

构图是造型艺术的术语。艺术家为了表现作品的主题思想和美观效果，在一定的空间，安排人物的关系和位置，把个别或局部的形象组成艺术的整体"（引自《辞海》），园林构图亦然，是为了满足人们对某种物质生活和精神生活需要，采用一定的物质手段来组织特定的空间，能使该空间在形式与内容、审美与功能、科学与艺术、自然美与艺术美以及生活美取得高度统一的创作技法，其中园林绿地的性质与功能是园林绿地艺术构图的依据，园林绿地的地形地貌、植被以及园林建筑等是构图的物质基础，在一定的空间内，结合各种功能要求对各种构景要素的取舍、剪裁、配布以及组合称为园林艺术构图。如何把这些素材的组合关系处理恰当，使之在长期内呈现完美与和谐，主次分明，从而有利于充分发挥园林的最大综合效益，这正是园林构图所要解决的问题。在工程技术上要符合实用、经济、美观的原则，在艺术上除了运用造景的各种手法外，还应考虑诸如比例与尺度、调和与对比、动势与均衡等等造型艺术的多样统一规律的运用。

二、园林构图的特点

园林构图不同于其它艺术构图的特点。

（一）**园林构图的综合性**　园林能融诗词、书画、音乐、雕塑、碑刻、建筑等等于一体的空间造型艺术，园林空间的形式与内容、审美与功能、科学与技术、自然美与艺术美以及生活美等等在艺术构图中要有充分的体现。

（二）**园林构图时空的规定性、延续性、变化性和持久性**　绘画虽然能应用透视学原理和明暗手法去描绘三维空间的形体美，但它毕竟是二维空间艺术，亦即是平面构图。雕塑是三维空间艺术，但它是静止的立体构图。音乐是时间构图，戏剧虽然是时间和空间的综合艺术，是四维空间，但它的空间与时间是有规定的，它的空间是舞台，故事的情节需要在规定的时间内完成，它们与观众的相对位置不变。唯独园林空间之大，时间之长是上述各种艺术形式无法相比的。园林本身既是艺术空间，也是生活空间，人们能深入其境，在欣赏各种景物的同时进行各种文化娱乐活动，或在进行各种文化娱乐活动的同时，欣赏园林空间艺术，景物与观众之间的相对位置是不固定的。园林空间景观又随时间和季相而变化，这就给园林构图增加了复杂性。为此，园林构图在时空上不得不有所规定，否则难以着手。空间规定是指园林的整个范围以及内部由于障隔而形成的有断有续，有开有放，大小不同，形状各异的空间，但这并不意味着空间的局限性，即使古典园林在围墙高筑的同时，尚且考虑到用各种手法去突破空间的局限性，现代园林则更须考虑园内外、室内外空间的相互联系与相互渗透和流通，达到你中有我，我中有你，亦即城市中园林和园林化了的城市一样。时间规定性是指构图时需要考虑到园林空间在一日之间，四时之际以及十年、二十年、三十年甚至更长的时间。园林空间造型是在时间中得到充实和完善的，移步换景和时进景新是使园林永远充满着艺术魅力的奥秘。园林建设原非一日之工和出于一人之手，园林空间造型的最后实现，须通过构思立意、规划设计、施工以及年复一年的精心养护的全部过程。这正好说明园林构图不同于一般艺术构图，在时间上具有延续性、变化性和持久性。

（三）园林构图的整体性和可分割性　任何艺术构图都是统一的整体，园林艺术构图也莫能例外。构图中的每一个局部对整体都具有相互依存、相互烘托、互相呼应、互相陪衬以及相得益彰的关系。如北京颐和园中万寿山、昆明湖、谐趣园以及苏州河之间就形成了这种关系。富丽堂皇的万寿山有宽阔的昆明湖烘托，万寿山越显得高耸与堂皇，形成一组气势宏伟的画面，这组画面恰好与宁静的谐趣园形成对比，宁静的更显其宁静，宏伟的益显其宏伟。在颐和园内有了千顷碧波的昆明湖，才必须有蜿蜒曲折、涓涓细流的苏州河，有了苏州河，越显得昆明湖之壮阔，有了昆明湖更显得苏州河之幽深。显然，昆明湖与苏州河、万寿山与谐趣园并没有出现在同一画面之中，却都是颐和园统一构图中的组成部分，构成了各种美感的有机融合及统一，给游人以整体美感，即和谐的整体美。不过园林构图中整体与局部之间的关系，毕竟不同于其它造型艺术的整体与局部之间具有不可分割性的关系，园林构图的整体与局部之间的关系，一是主从关系，局部必须服从整体；二是整体与局部之间保持相对独立，如颐和园中的万寿山，山前区与山后区的景观和环境气氛蔚然不同，都可独立存在，自成体系，因而是可分割的。尤其园林中之园中园，北海公园内的濠濮涧、画舫斋、静心斋等都是整体中的独立单元，既可合，又可分。

第二节　空间组织

一、对空间的理解

园林艺术是空间与时间的造型艺术，对空间的理解不同，必然产生不同的艺术效果。西方科学发达，科学家们把空间理解为一个三向量的盒子，从外面看是个实体，从内部看是个空间，可以用代数、几何学以及物理学等进行求证。法国十七世纪二元论者笛卡儿说"物质与空间是同一的长、宽、高三个向量的广袤不但构成物体，也构成了空间"。这个空间是物质的，可以触及的，有限的。相反，东方没有经历西方那样的科学发展期，对空间的理解主要受佛教和道教思想影响，对空间是用心灵去感受的，把空间理解为虚无的，既无形，亦无量的概念，是不可捉摸的，犹如宇宙一样。对空间的有形与无形、有限与无限、实与虚、静止与流动的相反理解，反映在视觉艺术上的，西方将空间表现为具有一定几何形象的、关系明确的量，东方则表现为不定的、模糊的或有限空间象征为一种宏大的空间观念。外国的教堂无论多么宏伟，也总有局限性，而我国北京的天坛虽然围墙高筑，但当皇帝拜天时，围墙却在视域之外，看到的只是笼罩着自己的苍穹，此时天坛之大，如同宇宙，这是把有限空间处理为无限空间的最佳例子。山水画家能在二度空间的尺幅里，用笔墨渲染皴擦，"咫尺之内而瞻万里之遥，方寸之中乃辨千里之峻"，写出无限空间的自然山川，造园家则在三度空间中，以土石为皴擦，"一峰山太华千寻，一勺水江湖万里"，人工山水，而令人有涉身岩壑之感。在游人的感受中，作品的神韵和气势使空间无限扩大。中国人这种独特的空间意识，能以小见大，也能以大见小。宋代哲学家邵雍于所居作便坐，曰安乐窝，两旁开窗曰日月牖，正如杜甫诗云"江山扶绣户，日月近雕梁"，庭园中罗列峰峦湖沼，俨然一个小天地。人们把自然吸收到庭户内，达到以小观大。王微主张"以一管之笔拟太虚之体"，达到以大观小。中国画家、园林家能把大自然中的山水经过高度提炼和概括，使之跃然于咫尺之内，方寸之中，这就是以大观小，从某种意义上讲，中国的艺术家能从有限中感受到无限，又能从无限中回归有限。中国的画家和诗人是用心灵的眼睛来看空间万象，用俯仰自得的精神来欣赏宇宙，而跃入大自然的节奏里去"神游太虚"，达到"神与物游，思与境谐"，把自己心领神会的宇宙空间通过诗画以及造园等表达出来的空间意识是有节奏与和谐的境界。这种空间意识不同于埃及的直线甬道，不同于希腊的立体雕像，也不是欧洲近代人对无限空间的执着追求，一去不返，而是"身所盘桓，目所绸缪"，"目既往返，心亦吐纳"（《文心雕龙》)，是"无往不复，天地际也"（《易经》）的空间意识。

园林空间既有别于有限的封闭或半封闭的建筑空间，又不同于广袤无际的旷野和大海。但它却能融建筑空间与广袤的宇宙于一体。园林工作者利用地形、水貌、岩石、植物、建筑及构筑物创造出形形色色的空间，这些空间既相互封闭，又相互渗透；既是静止的，又是流通的。并通过廊、桥及路把各个空间联系在一起，通过门和窗使室内外空间融为一体，通过降低游人视点的位置，融宇宙为一体。

有趣的是西方用巨大的尺度创造了真实的，但是有限的空间，而东方的传统方法则是用小得多的尺度创造了无限的空间感。东方的空间观念既是宏大的，也是连续和流通的。中国传统的手卷画方法是画家对大自然的直观反映，画家在漫游了一个园林或一个风景区之后，即可用这种方法表达其全部印象（重在写意），不论是仰视、俯视，还是游目环瞩，都是在视线的运动中取景，它完全不同于西方的风景画（重在写实），用风景透视学的原理，固定视点，只有一个或两个灭点，把固定视线所能见到的风景如实地反映到画面上来，而是连续的散点透视，而且突破"目有所极，固所见不周"的视界局限，使一草一木，一丘一壑，达到"其意象在六合（天地之意）之表，荣落在四时之外"的空灵意境。造园家在建造一个园林时，其过程与画画相反，他必须先在想象的空间中漫游（意在笔先），然后用具体的材料去组织空间和风景（高度概括）。空间的时空统一性、广延性、无限性、不定性、流动性等等的空间理论，只有用山水、花草树木以及园林建筑围合的中国园林才能得到充分的发展，成为中国园林艺术的一个重要方面。

二、视景空间的基本类型

（一）**开敞空间与开朗风景**　人的视平线高于四周景物的空间是开敞空间，开敞空间所见的风景是开朗空景。在开敞空间中，视线可延伸很远，所见风景都是平视风景，视觉不易疲劳。对开朗风景的艺术感染是目光远大，心胸开阔，壮观豪放。古人诗"孤帆远影碧空尽，惟见长江天际流"和"登高壮观天地间，大江茫茫去不返"都是开敞空间与开朗风景的写照。但面对开朗风景，如果游人的视点很低，与地面透视成角很小，则远景模糊不清，甚至只见到大面积的天空，仿佛生活在天地之间，以大地为床，白云为被。如果把视点的位置不断提高，不断加大透视成角，远景鉴别率就会逐步提高，视点愈高，视界愈开阔，"欲穷千里目，更上一层楼"道出了视点高度与开朗风景的艺术评价的关系。同时视点的升高和降低能取得某种特殊效果，低视点视野范围较小，易取得平静的意境；高视点可扩展空间范围，故登高令人意远。开敞空间如大湖面、大草原、海滨、登高远眺等等。

（二）**闭合空间与闭合风景**　人的视线被周围景物屏障的空间为闭合空间。在闭合空间中所见到景物是闭合风景。屏障物之顶部与游人视线所成角度愈大，则闭合性愈强，反之所成角度愈小，则闭合性也愈小。这也与游人和景物的距离有关，距离愈小，闭合性愈强，距离愈远，闭合性愈小。闭合空间的大小与周围景物高度的比例关系决定它的闭合度，影响风景的艺术价值。一般闭合度在 6—13° 之间，其艺术价值逐渐上升，当小于 6° 或大于 13° 时，其艺术价值逐渐下降。闭合空间的直径与周围景物高度的比例关系也能影响风景艺术效果，当空间直径为景物高度的 3—10 倍时，风景的艺术价值逐渐升高，当空间直径与景物高度之比小于 3 和大于 10 时，风景的艺术价值逐渐下降。如果周围树高为 20m，则空间直径为 60—200m 之间，如超过 270m，则目力难于鉴别，这就需要增加层次或分隔空间。闭合空间予人以亲切感、安静感，近景的感染力强，景物历历在目，但空间闭合度如小于 6°或空间直径小于景物高度的 3 倍时，便有井底之蛙的感觉。景物过于郁塞而使人易于疲劳。在园林中常见的闭合空间有林中空地、周围群山环绕的谷地以及园墙高筑的园中园等。

（三）**纵深空间与聚景**　凡两旁有建筑、密林或山丘等景物的道路、河流和峡谷等所形成的狭长空间叫做纵深空间。纵深空间把人们的视线很自然地被引向空间的端点，这种风景叫做聚景。其特点是景物有强烈的深度感，如果把主景放在端点上，能使主景更为突出。

视景空间除上述基本类型外，还可从尺度上分，又可分为大空间和小空间。大空间气魄大，场面大，充分显示大自然的景色，小空间与人的尺度较近，予人有亲切感。另外还有室外、室内和半室内的三种空间之分。园林绿地规划设计应多注意室外空间组织及室内外空间景物的相互过渡与相互渗透。

三、组织空间

园林绿地空间组织的目的是在满足功能的前提下，运用各种造景手法和构图艺术的原理组织景观，划分景区或景点，既要突出主题（主景），又要有富于变化的园林风景。其次，根据人的视觉特性创造良好的观赏条件，使景物在一定的空间中获得最佳的观赏效果。

开朗风景辽阔，但欠丰富，形象色彩不够鲜明，缺乏近景的感染力；闭合风景，空间环抱四合，景色鲜明，但又郁于闭塞；纵深空间的景色有深度感，有聚景的作用，但缺少变化；大空间气魄大，予人以开阔豪放的感受，但如景观组织不好，则有空洞与单调之感；小空间虽有予人亲切的感受，但如果景物过于密集，则有拥斥之嫌。总之，各种空间都有它的特点，也都有不足之处，只有把这些不同类型的空间按照艺术规律组合在一起，成为一个有机的整体，使开中有合，合中有开或半开半合，互相穿插、嵌合、叠加，使空间变化产生一种韵味，能收到山重水复的效果。与此同时，通过空间大小、虚实、开合和收放的对比，进一步加强空间变化的艺术效果，颐和园中有开敞的昆明湖，又有闭合的谐趣园；北海公园有开敞的北海湖面，也有闭合的静心斋和濠濮涧，相互烘托，相得益彰。

称为万园之园的圆明园是古典园林中空间组织的最佳例子。圆明园是圆明、长春和绮春三园的总称，其中以圆明园为主园。圆明园占地三千亩，规模很大，是皇帝外朝内寝，游憩避暑和进行各种政治活动的场所。地处北京西郊，由于西郊泉水充沛，有西湖、玉泉、西山诸名胜。优美的风景富有江南情调，那儿地势平坦和多低洼，因而在地形改造上以水景为主，十分成功。

主园圆明园全园共分两个景区，即以福海为主体的福海景区和以后湖为主体的后湖景区，两个主要景区的风景各有特点，福海以辽阔开朗取胜，后湖在于幽静。其余的地段分布着为数众多的小园和建筑群区。作为水园的圆明园，人工开凿的水面占全园面积的一半以上。园林造景大部分以水景为主题，水面是由大、中、小相结合的。大水面福海宽为600余米，中等水面后湖宽为200余米，众多小水面宽度均在四五十米至百米之间，是水景的近观小品。

回环萦流的河道把这些大小水面串联成一个河湖系统，构成全园的脉络和纽带，在功能上提供了舟行游览和水运交通的方便。这水系与人工堆山和岛堤障隔相结合，构成了无数大小不同的开朗的、闭锁的和狭长的，既静止又流通的空间系统，把江南水乡面貌再现于北方的土地上。这是人工造园的杰作，是圆明园的精华所在。

在圆明园中摹写西湖十景的有柳浪闻莺、三潭印月、平湖秋月、雷锋夕照、南屏晚钟等；取材于诗文意境的如"夹镜鸣琴"、"武林春色"等。

堆山约占园全面积的三分之一。人工堆山虽然不可能太高，但其中却有不少是摹拟江南名山的。乾隆说："谁道江南风景佳，移天缩地在君怀"、"园林之乐，不能忘怀"。

圆明园的主园与附园之间的主从关系是很明确的。附园之一的长春园是一座大型水景园，但理水的方式却不同于主园。利用洲、岛、桥、堤把大片水面划分成为若干不同形式、有聚有散的水域，同时也就构成了大小不同的、有聚有散、有开有合的连续的流通空间。风景都是因水成景的，水域的宽度一般在一、二百米之间，能保证隔岸观赏的清晰视野。长春园总结了主园的经验，地形处理、山水布局更趋自然流畅，山水尺度更趋成熟。

在长春园的北面有个风格迥异的欧式宫苑即"西洋楼"，别具情趣。由于空间隔离得很好，所以它能以独立的体系存在于古色古香的圆明园中而互不干扰。

附园之二的绮春园由若干赐园合并而成，并把各赐园的小水面联缀起来，形成整体（图 8-1）。

著名的现代公园杭州花港观鱼公园，有藏山阁大草坪、雪松大草坪、老花港、新花港、牡丹园、芍药园，茶楼前的大草坪等等，全园大小空间不下数十个，每个空间都能独立成为一个单元，具有不同于其它空间的景色特点。空间既相互区别，又相互联系，开合收放，衔接得十分自然流畅，有节奏感，人们在其中漫步，有进入音乐之境的美感（图 8-2）。

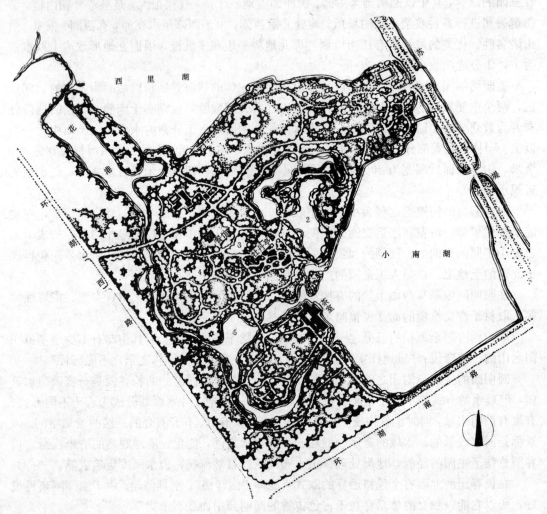

图 8-2　花港公园规划图

1. 草坪景区　2. 鱼池景区　3. 牡丹园景区　4. 丛林景区　5. 花港景区　6. 疏林草地景区

（引自《中国新园林》）

四、空间分隔

（一）**以地形地貌分隔空间**　如果绿地本身的地形地貌比较复杂，变化较大，宜因地制宜、因势利导地利用地形地貌划分空间，效果良好。只有在多变的地形地貌上才能产生变幻莫测的空间形态，创造富有韵律的天际线和丰富的自然景观。利用山丘划分空间是实隔，须注意开辟透景线，用水分隔空间是虚隔，可望而不可及，因此在水面上要设堤或架桥或堤桥并用，如杭州苏、白二堤然。如果是平地、低洼地，应注意改造地形，使地形有起伏变化，以利空间分隔和绿地排水，并为各种植物创造良好的生长条件，丰富植被景观。

（二）**利用植物材料分隔空间**　在自然式园林中，利用植物材料分隔空间，尤其利用乔灌木范围的空间可不受任何几何图形的制约，随意性很大。若干个大小不同的空间通过乔木树隙相互渗透，使空间既隔又连，欲隔不隔，层次深邃，意味无穷。如杭州花港观鱼公园的新花港区，小路沿着花港，绿带沿着小路，分别用广玉兰和雪松以及其它乔木分隔成大小不同的四、五个形状各异的空间。每个空间基本上都朝向花港一面敞开，使得花港和小路两边的景色富于变化而不单调，十分幽美。

规则式的园林也是用植物按照几何图形划分空间，使空间整洁明朗。

应该强调在园林中用作空间境界的树木，宜闭则闭，宜透则透，宜漏则漏，结合地形的高低起伏，构成富有韵律的天际线和林缘线，也可形成障景、夹景或漏景等等。

（三）以建筑和构筑物分隔空间　在古典园林中习惯用云墙或龙墙、廊、架、假山、池、溪、涧、桥、厅、堂、楼、阁、轩、榭等以及它们的组合形式分隔空间，而在空间的序列、层次和时间的延续中，具有时空的统一性、广延性和无限性。

（四）以道路分隔空间　在园林内以道路为界限划分成若干空间，每个空间各具景观特色，道路又成为联系空间的纽带。地势较平坦的公园尤其是规则式园林，大都利用道路为界划分空间。如杭州柳浪闻莺、长桥公园都是利用道路划分出草坪、疏林、密林、游乐区等等不同空间，这种手法简单易行。

综上所述，四种划分空间的方法只有综合运用，才能达到完善效果。有些空间纯粹以道路为界，所有的空间都须要用道路联系，但只有在有变化的地形上种植乔木，空间分隔才能显示出最佳效果，如花港观鱼公园的雪松大草坪与红鱼池之间用起伏地形和多层次的林带以道路为界进行分隔，使两个风格迥异的空间并存于一个园林之中而互不干扰。一般来讲，两个空间干扰不大，而在景观上可互相借取的，可用虚隔，如用疏林、空廊、漏窗、花墙、水面等。反之则用实隔，如用密林、高埠、建筑、实墙等分隔。只有熟练运用各种手法，才能使空间既隔又联，互相渗透，互相依存、烘托以致成为不可分割的整体。空间的广延性、流通性、无限性才能得到体现。

五、深度和层次

增加前景和背景都是把园林景观作画面处理，增加风景层次和深度最常用的手法。对整个园林空间也有层次和深度的问题，目的在于引人入胜。

我国园林讲究含蓄，忌一览无余，认为景愈藏则意境愈大。为增加园景深度，多数园林的入口处设有假山、小院、花墙、漏窗、树障以及影壁障等作为障隔，适当阻隔视线，使游人隐约见到园景一角，然后几经迂回曲折，才能见到园内山池亭阁的全貌，使游人感到庭院空间深不可测。要使园林空间层次丰富，有深度感，其方法有：

（一）地形要有起伏　在高低起伏的地形上要有制高点以控制全园景物。亭、台、楼、阁、高树、丛林以及竹林等互相穿插，层层向上推远，丰富空间层次，这是总立面布局以求其深度感。

（二）分隔空间　陈从周说：“园林空间隔则深、畅则浅，斯理甚明”。因而分隔空间，使园中有园，景外有景，湖中有湖，岛中有岛。园林空间一环扣一环，庭园空间一层深一层，山环水绕，峰回路转，此真乃总平面布局以求其深度感。

（三）空间互相叠加、嵌合、穿插及贯通　相邻空间之间呈半隔半合、半掩半映的状态，大空间套小空间，小空间嵌合大空间，空间连续流通，形成丰富的层次和深度。

（四）**对比**　园林中通过空间的开合收放、光线明暗深浅以及虚实等对比，使人产生层次和深度感。

（五）**曲折**　"景贵乎深，不曲不深"其中幽深是目的，曲折只是达到幽深的手段。明·计成在《园冶》中说："廊……宜曲宜长则胜，蹑山腰，落水面，任高低曲折，自然断续蜿蜒"，"蹊迳盘且长"，"曲径绕篱"等都强调一个"曲"字。但曲折要有理、有度、有景，使游者不断变换视线方向，起到移步换景的作用，同时增加了深度感。如果在草坪上设一条弯弯曲曲的蛇行路，只有造作之弊而无深度之感，在设计中应该避免。

（六）**景物**　如山石树林丛林等安排成犬牙交叉能产生深度感。

（七）**透视原理的利用**　设计道路时，可采取近粗远细，使产生错觉，短路不短，加强聚景效果；运用空气透视的原理，使远处的景物色彩淡，近处色彩浓，可以加强景深的效果；欲显示所堆叠假山的高度，缩短视距，增大仰角；欲显谷深，可缩小崖底景物尺度。

六、空间展示程序

园林绿地空间类型很多，变化很大，景色各异，如何把这些形形色色的空间依据使用功能，按照游人的游览心理对动静观赏的要求，组织成景点和景区，按照风景展示序列作戏剧性的展开，要达到"千呼万唤始出来，犹抱琵琶半遮面"的景观效果，造成最大限度的含蓄蕴藉，至此，园林艺术的表现达到淋漓尽致的地步。一切藏露隐现的手法都是为了达到这个目的。这个目的用通俗的语言表达，即出其不意和引人入胜。

第九章　园林空间意境的创造

第一节　意　　境

　　园林意境是通过设计者构思创作所表现园林景观上的形象化、典型化的自然环境与它显露出来的思想意蕴。用陈从周的话说"园林之诗情画意即诗与画的境界在实际景物中出现之，统名为意境"。意境是一种审美的精神效果，它虽不象一山、一石、一花、一草那么实在，但它是客观存在的，它应是言外之意，弦外之音，它既不完全存在于客观，也不完全存在于主观，而存在于主客观之间，既是主观的想象，也是客观的反映，只有当主客观达到高度统一时，才能产生意境。意境具有景尽意在的特点，因物移情，缘情发趣，令人遐想，使人留连。

　　意境在文学上是景与情的结合，写景就是写情，见景生情，借景抒情，情景交融。古代有许多伟大的诗人善用对景物的描写，来表达个人的思想感情，如李白《黄鹤楼送孟浩然至广陵》诗：

> 故人西辞黄鹤楼，
> 烟花三月下扬州。
> 孤帆远影碧空尽，
> 惟见长江天际流。

　　诗中虽只字未提及诗人的感情如何，但是通过诗人对景物的描写，使读者清晰见到帆船早已远去，而送别的人还伫立在江边怅望的情景。那种深厚的友情溢盈于诗表，所以以景抒情，情更真，意更切，更能打动读者的心弦，引起感情上的共鸣，这就是言外之意，弦外之音，确切地说，这就是意境。

　　怎样才能获得意境？对作者来说，只有用强烈而真挚的思想感情，去深刻认识所要表现的对象，目寄心期，去粗取精，去伪存真，经过高度概括和提炼的思维过程，才能达到艺术上的再现。简而言之，即"外师造化，中得心源"。齐白石笔下之虾，如此生动活泼，栩栩如生，完全由于画家对虾有极大的爱心，对它们作了长期深入的观察，有了全面而又深刻地了解之后，才能把握住对象的精神实质，画起来得心应手，作品生动传神。

　　北宋郭熙在他所著《山水训》篇中提出画家要"饱游饫看"，做到"历历罗列于胸中"。清初画家石涛在其《画语录》中提出了画家要"搜尽奇峰打草稿"，这些都说明了"外师造化"的重要性。东晋画家顾恺之提出"以形写神"、"迁想妙得"、"巧密于精思"。唐代诗人、画家王维指出"凡画山水，意在笔先"。这些都要求作者在生活中深入研究的基础上领悟其精神实质，非但要观察体验对象的外形，还要通过外形去理解和表现出内在本质的东西，这就是中得心源。一件艺术作品应该是主客观统一的产物，作者应该而且可以通过丰富的生活联想和虚构，使自然界精美之处更加集中，更加典型化，就在这个"迁想妙得"的过程中。作者会自然而然地溶进自己的思想感情，而在作品上也必然会反映出来。这是一个"艺术构思"的过程，是"以形写神"的过程，是"借景抒情"的过程，是使"自然形象"升华为"艺术形象"的过程，也就是"立意"和创造"意境"的过程。作者愈是重视这个"造境"过程，收到的艺术效果也必然愈好。清代画家方薰在他所著《山静居画论》中提到："笔墨之妙，画者意中之妙也。故古人作画，意在笔先。……在画时意象经营，先具胸中丘壑落墨自然神速，东坡所谓画竹必得成竹于胸中是也"。"作画必先生立意以定位，意奇则奇，意高则高，意远则远，意深则深，意古则古，意庸则庸，俗则俗矣"。由此可见"立意"是何等重要。可以这样认为：没有"生活"，也就无从"立意"，而"生活"却顺归于"立意"，没有"立意"，也就没有"意境"，作品就失去了灵魂。"意"即作者对景物的一种感受，进而转化为一种表现欲望和创作激情，没有作者能动地通过对象向观众抒发和表达自己的思想感情，艺术就失去了生命，作品就失去了感染观众的魅力。由此可见，"立意"是"传神"和创造"意境"的必由之路。

写景是为了写情，情景交融，意境自出。所以一切景语皆情语。园林设计是用景语来表达作者的思想感情。人们处在园林这种有"情"的环境中，自然会产生不同深度的联想，最后概括、综合，使感觉升华，成为意境。有些园林工作者对自然风景没有深刻感受，总是重复别人的，甚至把园林设计公式化，尽管穷极技巧，总让人感到矫揉造作，缺乏感人的魅力，这种作品是没有艺术价值的。自己没有感动，又如何能感动别人，更谈不上有意境的创造。

对欣赏者而言，因人而别，见仁见智，不一定都能按照设计者的意图去欣赏和体会，这正说明了一切景物所表达的信息具有多样性和不定性的特点，意随人异，境随时迁。

第二节　园林意境的表达方式

园林意境的表达方式可以分为三类，即直接表达方式、间接表达方式和利用光影色彩、音响、香气以及气象因子等来生发空间意境。

一、直接表达方式

在有限的空间内，凭借山石、水体、建筑以及植物等四大构景要素，创造出无限的言外之意和弦外之音。

（一）**形象的表达**　园林是一种时空统一的造型艺术，是以具体形象表达思想感情的。例如南京莫愁湖公园中的莫愁女，西湖旁边的鉴湖女侠秋瑾，东湖的屈原，上海动物园的欧阳海和草原两姊妹以及黄继光、董存瑞、刘胡兰等等都能使人产生很深的感受。神话小说中的孙悟空，就会使人想到"今日欢呼孙大圣，只缘妖雾又重来"。见岳坟前跪着的秦桧夫妇，就会联想到"江山有幸埋忠骨，白铁无辜铸佞臣"。在儿童游园或者小动物区用卡通式小屋、蘑菇亭、月洞门，使人犹如进入童话世界。再如山令人静，石令人古，小桥流水令人亲，草原令人旷，湖泊和大海令人心旷神怡，亭台楼阁使人浮想联翩等等，不需要用文字说明就感觉到了。

（二）**典型性的表达**　何谓典型？鲁迅说过"文学作品的典型形象的创造，大致是杂取种种人，合成'一个'。这一个人与生活中的任何一个实有的人都'不似'。这不似生活中的某一个人，但'似'某一类人中的每一个人，才是艺术要求的典型形象"。堆山置石亦然，中国古典园林中的堆山置石，并不是某一地区真山水的再现，而是经过高度概括和提炼出来的自然山水，用以表达深山大壑，广亩巨泽，使人有置身于真山水之中的感觉。

（三）游离性的表达　游离性的园林空间结构是时空的连续结构。设计者巧妙地为游赏者安排几条最佳的导游线，为空间序列喜剧化和节奏性的展开指引方向。整个园林空间结构此起彼伏，藏露隐现，开合收放，虚实相辅，使游赏者步移景异，目之所极，思之所致，莫不随时间和空间而变化，似乎处在一个异常丰富、深广莫测的空间之内，妙思不绝。

（四）联觉性的表达　由甲联想到乙，由乙联想到丙，使想象愈来愈丰富，从而收到言有尽而意无穷的效果。扬州个园中的四季假山，以石笋示春山，湖石代表夏山，黄石代表秋山，宣石代表冬山，在神态、造型和色泽上使人联想到四季变化，游园一周，有历一年之感，周而复始，体现了空间和时间的无限。在冬山的北墙上开了四排24个直径尺许的圆洞，当弄堂风通过圆洞时，加强了北风呼号的音响效果，加深了寒冬腊月之意。在东墙上开两个圆形漏窗，从漏窗隐约可见翠竹石笋，具有冬去春来之意。作者用意之深，使人体会到意境的存在，起到神游物外的作用。由滴水联想到山泉，由沧浪亭联想到屈原与渔父的故事。"当时屈原被放逐，有渔父问他为何被逐。答曰："举世皆浊我独清，举世皆醉我独醒。渔父答曰：沧浪之水清兮濯吾缨，沧浪之水浊兮濯吾足"。看到残荷就想到听雨声，凡此种种都是联觉性在起作用，也就是在园林中用比拟联想的手法获得意境。

（五）模糊性的表达　模糊性即不定性，在园林中，我们常常看到介于室内与室外之间的亭、廊、轩……。在自然花木与人工建筑之间，有叠石假山，石虽天然生就，山却用人工堆叠，在似与非似之间，我们看到有不系舟，既似楼台水榭，又象画舫航船。水面上的汀步是桥还是路？粉墙上的花窗，欲挡欲透？圆圆的月洞门，是门却没有门扇，可以进去，却又使人留步。整个园林是室外，却园墙高筑与外界隔绝，是室内？却阳光倾泻，树影摇曳，春风满园。几块山石的组合堆叠，是盆景还是丘壑？是盆景，怎么能登能探，充满着山野气氛。是丘壑，怎么又玲珑剔透，无风无霜？回流的曲水源源而来，缓缓而去，水头和去路隐于石缝矶凹，似有源，似无尽。在这围透之间、有无之间、大小之间、动静之间和似与非似之间……在这矛盾对立与共处之中，形成令人振奋的情趣，而意味深长。由此可知模糊性的表达发人深思，往往可使一块小天地，一个局部处理变得隽永耐看，耐人寻味。《白雨斋词话》中有一段话"意在笔先，神余言外……若隐若现，欲露不露，反复缠绵，终不许一语道破"。换一句话说：一切景物不要和盘托出，应给游赏者留有想象的余地。

二、间接表达方式

托物言志，借景抒情，这种方法比直接表达手法更加委婉动人。

（一）运用某些植物的特性美和姿态美作比拟联想　松树遇霜雪而不凋，历千年而不殒，人们常把它比作富贵不能淫，威武不能屈的英雄人物。陈毅有诗为证"大雪压青松，青松挺且直，欲知松高洁，待到雪化时"。

竹子虚心有节，有诗两首，一为"未出土时先有节，到凌云处也虚心"；一为"虚心竹有低头叶，傲骨梅无仰面花"。这两首诗皆是称颂竹子"虚心亮节"的。扬州"个园"是两淮商总黄至筠（号个园）购买小玲珑山馆修筑。黄至筠为仿效苏轼"宁可食无肉，不可居无竹；无肉令人瘦，无竹令人俗"的诗意，以竹表示清逸脱俗，故在园中广种修竹，而竹叶形状恰象"个"字，于是便称"个园"。也有人认为"个"字是"竹"字的一半，故有孤芳自赏的含意。不论是何种用意，都足以说明园主是借竹以明志的。

梅具有"万花敢向雪中出，一树独先天下春"的品格。赞美梅花品格的诗很多，其中以毛泽东的《咏梅》为最。

当陈毅被围困在梅岭时，曾咏《红梅》一首"隆冬到来时，百花迹已绝，红梅不屈服，树树立风寒"。

宋·陆游的梅花绝句"幽谷那堪更北枝，年年自分著花迟，高标逸韵君知否，正在层冰积雪时"。元·画家诗人王冕画墨梅"不要人夸好颜色，只留清气满乾坤"。

诗人们借梅花表达自己的意志和品格，抒发自己的情怀。反过来在园林中，种上几株梅花，就能给人以比拟联想，产生诗情画意。

兰花生于山涧泉旁，林木茂密的地方，清艳含娇，幽香四溢，号称"香祖"，"王者之香"。

崇兰生涧底，香气满幽林，纵使无人也自芳，所以人们把兰花比作"花中君子"。

菊不怕风寒，陈毅有诗赞曰：

秋菊能傲霜，风寒重重恶，

本性能耐寒，风霜其奈何？

赞颂菊花的诗是很多的，如苏轼《冬景》一诗中的"荷尽已无擎天盖，菊残犹有傲霜枝"之句；宋·郑思肖《菊花》中的"宁可枝头抱香死，可曾吹落北风中？"之句。朱淑贞《菊花》中的"宁可抱香枝头老，不随黄叶舞秋风"之句，亦都是诗人借菊明志，抒发感情的妙句。因而看到菊花就能联想到它傲霜斗寒的品格，把它喻为花中四君子之一。

荷花"出淤泥而不染，濯清涟而不妖"，不怕狂风暴雨和烈日酷暑，用以比作我们敬爱的宋庆龄同志是最恰当不过的了。

牡丹以雍容华贵，秀韵多姿取胜，被誉为"国色天香"。诗人刘禹锡《赏牡丹》中云："唯有牡丹真国色，花开时节动京城"。宋·戴昺"东风若使先春放，羞煞群花不敢开。"

高蟾赞芙蓉诗《上高侍郎》

天上碧桃和露种

日边红杏倚云栽

芙蓉生在秋江上

不向东风怨未开

其意为诗人以芙蓉自喻，天上碧桃，日边红杏，以其乘时得意之人，藉皇家雨露之恩而贵，芙蓉生于秋江上，方春百花齐放，芙蓉寂寞自守，不怨东风之不及我也，至秋百花摇落，芙蓉独拒霜而开。

"杜鹃开时偏值杜鹃声，杜鹃口血能多少，恐是征人滴泪成"。所以有"疑是口中血，滴成枝上花"的诗句。杜鹃花意味着"忠贞不谕"之意也。

一树桂花十里香，有喜庆丰收之意。

红色玫瑰热情奔放，象征爱情。白色茶花、马蹄莲和百合花均示纯洁无瑕，用来表示友谊和爱情。黄色的迎春花具有大地回春之意。松、竹、梅合称为岁寒三友，梅、兰、竹、菊号称"四君子"，"桃、李、杏春风一家"。月季在西欧被誉为花中皇后。宋·杨万里诗："谁道花无百日红，此花无日不春风"。水仙以其清秀典雅的风貌，被誉为凌波仙子。朱熹有诗云"水中仙子何处来，翠袖黄冠白玉英"。黄庭坚诗曰"凌波仙子生尘袜，水上盈盈步微月"。杨柳象征对环境的适应性和革命的灵活性，有好多有志青年把自己比作杨柳，服从组织分配，把我插到那儿，我便在那儿生根、开花、结果。枫树象征革命情操。

综上所述，任何一种植物，只要它的性格美或姿态美的特点与诗人的情感契合，便能借以抒情，咏出几首好诗来。如昆仑山上一棵草竟被寓写出一部美好的电影故事来。

（二）光与影 光与影，在创造园林意境中所起作用很大。

1. 光 "墙开洞，背后发光"，能使人产生神秘莫测之感，同时又能使后边的空间似乎无限伸展。进入山洞，光从背后来，觉得洞深不可测，出洞时，光从前面射进来，空间距离感缩短，感到光明就在前头。

由明到暗，由暗到明和半明半暗的变化都能给空间带来特殊的气氛，可以使感觉空间扩大或缩小。

光是反映园林空间深度和层次的极为重要的因素。即使同一个空间，由于光线不同，便会产生不同的效果，如夜山低、晴山近和晓山高是光的日变化，给景物带来视觉上的变化。

在天然光和灯光的运用中，对园林来说，天然光更为重要。春光明媚，旭日东升，落日余辉，阳光普照以及窗前明月光，峨嵋佛光等都能给园林带来绮丽景色和欢乐气氛。利用光的明暗与光影对比，配合空间的收放开合，渲染园林空间气氛。以留园的入口为例，为了增强欲放先收的效果，在空间极度收缩时，采用十分幽暗的光线，当游人通过一段幽暗的过道后，展现在面前的是极度开敞明亮的空间，从而达到十分强烈的对比效果。在这一段冗长的空间，通过墙上开设的漏窗，形成一幅幅明暗相间，光影变化，韵味隽永的画面，增加了意趣。

颐和园的后湖，由于空间开合收放所引起的光线明暗对比，使后湖显得分外幽深宁静。

灯光的运用常常可以创造独特的空间意境，如颐和园乐寿堂前的什锦灯窗，利用灯光造成特殊气氛，每当夜幕降临，周围的山石、树木都隐退到黑暗中，独乐寿堂游廊上的什锦灯窗中的光在静悄悄的湖面上投下了美丽的倒影，具有岸上人家的意境。

杭州西湖三潭印月的三个塔，塔高2m，中间是空的，塔身有五个圆形窗洞，每到中秋夜晚，塔中点灯，灯影投射在水中和天上的明月相辉映，意境倍增（照片9-1）。

喷泉配合灯光，使园林夜空绚丽多彩，富丽堂皇，园林中的地灯更显神采。

2. 影 成为审美对象，由来已久。有日月天光，便有形影不离。"亭中待月迎风，轩外花影移墙"、"春色恼人眠不得，月移花影上栏杆"、"曲径通幽处，必有翠影扶疏"、"浮萍破处见山影"、"隔墙送过千秋影"、"无数杨花过无影"，在古典文学的宝库中，写影的名句俯拾皆是。园林中，檐下的阴影、墙上的块影、梅旁的疏影、石边的怪影、树下花下的碎影，以及水中的倒影都是虚与实的结合，意与境的统一。而诸影中最富诗情画意的首推粉壁影和水中倒影。作为分割空间的粉墙，本身无景也无境。但作为竹石花木的背景，在自然光线的作用下，无景的墙便现出妙境。墙前花木摇曳，墙上落影斑驳。此时墙已非墙，纸也，影也非影，画也。随着日月的东升西落，这幅天然图画还会呈现出大小、正斜、疏密等不同形态的变化，给人以清新典雅的美感。

水中倒影在园林中更为多见。倒影比实景更具空灵之美。如"水底有明月，水上明月浮，水流月不去，月去水还流"。宋代大词人辛弃疾《生查子独游雨岩》一词云："溪边照影行，天在清溪底。天上有行云，人在行云里"。都说明了水中倒影给游人增添无穷的意趣。从园林造景和游人欣赏心理来看，倒影较之壁影更有其迷人之处。倒影丰富了景物层次，呈现出反向的重复美。重复作为一种艺术手法，被广泛运用于各类艺术形式中，但倒影的重复，却不是顺序的横向重复，它是以水平面为中轴线的岸上景物的反向重复，能使游人产生一种新奇感。江南园林面积一般都不大，为求得小中见大的效果，亭台廊榭多沿水而建，倒影入水顿觉深邃无穷。再衬以蓝天白云、红花绿草、朗日明月，影中景致更是美妙无比。"形美以感目，意美以感心"，这是鲁迅先生论述中国文字三美中的两个方面。园林虚景中的影，则集这二美于一身。

（三）色彩　随光而来的色彩是丰富园林空间艺术的精萃。色彩作用于人的视觉，引起人们的联想尤为丰富。利用建筑色彩来点染环境，突出主题；利用植物色彩渲染空间气氛，烘托主题；这在中国园林中是最常用的手法。有的淡雅幽静，清馨和谐，有的则富丽堂皇，宏伟壮观，都极大地丰富了意境空间。在承德避暑山庄中的"金莲映日"一景，在大殿前植金莲万株，枝叶高挺，花径二寸余，阳光漫洒，似黄金布地。康熙题诗云："正色山川秀，金莲出五台，塞北无梅竹，炎天映日开"。可见当年金莲盛开时的色彩，所呈现的景色气氛，致使诗情焕发。

（四）声响的运用　声在园林中是形成感觉空间的因素之一，它能引起人们的想象，是激发诗情的重要媒介。在我国古典园林中，以赏声为景物主题者为数不少。诸如鸟语虫鸣、风呼雨啸、钟声琴韵等，以声夺人，使人的感情与之共鸣，产生意境。如《园冶》中"鹤声送来枕上"，"夜雨芭蕉，似鲛人之泣泪"，"静扰一榻琴书，动涵半轮秋水"等的描写，都极富意境。古园中以赏声为题的有：惠州西湖的"丰湖渔唱"、杭州西湖的"南屏晚钟"和"柳浪闻莺"，苏州留园的"留听阁"，避暑山庄的"万壑松风"、扬州瘦西湖的"石壁流淙"以及无锡寄畅园的"八音洞"等等，这些景名不但取景贴切，意境内涵也很深邃。

利用水声是创造意境最常用的手法。如北京中南海的"流水音"（图9-1），由一座亭子、泉水及假山石构成，亭子建于水中，由于亭子的地面有一个九曲构槽，水从沟中流过，叮咚有声故名。在这一个不大的，由假山环抱的小空间中，由于流水潺潺，顿觉亲切和宁静。无锡寄畅园内的八音洞，将流水的音响比喻成金、石、土、革、丝、木、匏、竹八类乐器合奏的优美乐谱。北京颐和园的谐趣园设有响水口，使这一组古朴典雅的庭园空间更为高雅幽静。

北京圆明园的"日天琳宇"和杭州西湖的"柳浪闻莺"等处均有响水口，水流自西北而东南，流水的声音，竟成为宫庭的音乐，使园林空间增添情趣。

利用水声反衬出环境的幽静。唐·王维"竹露滴清响"的诗句，静得连竹叶上的露珠，滴入水中的声音都能听见，带出幽静意境。仅仅用一滴水声，便能把人引入诗一般的境界。溪流泻涧给人一种轻松愉快的感觉，飞流喷瀑予人以热烈奔腾的激情。此外，还利用风声、树叶声来创造空间意境。万壑松风是古代山水画的题材，常用来描写深山幽谷和苍劲古拙的松树。承德避暑山庄的"万壑松风"一景就是按"万壑松风"这个意境来创造的。在山坡一角设一建筑，在其周围遍植松树，每当微风吹拂，松涛声飒飒在耳，使人们的空间感得到升华。

图 9-1 流水音

北京中南海"流水音"建于清康熙年间，亭内曲水流觞，借飞泉下注，水从沟槽中通过，叮咚有声

晋·左思说："非必丝与竹，山水有清音"。风声、水声使园林空间增添了意境色彩，给人以美的享受，这就是园林艺术给人以清新美的原因之一。

（五）**香气的感情色彩** 香气作用于人的感官虽不如光、色彩和声那么强烈，但同样能诱发人们的精神，使人振奋，产生快感。因而香气亦是激发诗情的媒介，形成意境的因素。例如米兰香气可浴，有诗赞曰："瓜子小叶亦清雅，满树又开米状花，芳香浓郁谁能比，迎来远客泡香茶"。含笑"花开不张口，含笑又低头，拟似玉人笑，深情暗自流"。桂花"香风吹不断，冷霜听无声。扑面心先醉，当头月更明"，郭沫若赞道："桂蕊飘香，美哉乐土，湖光增色，换了人间"。香花种类很多，有许多景点因花香而得名。例如苏州拙政园"远香堂"，南临荷池，每当夏日，荷风扑面，清香满堂，可以体会到周敦颐《爱莲说》"远香益清"的意境。网师园中的"小山丛桂轩"，留园的"闻木樨香轩"都因遍栽桂花而得名，开花时节，异香袭人，意境十分高雅。杭州满觉垅，秋桂飘香，游客云集，专来此赏桂。

广州兰圃，兰蕙同馨，兰花盛开时，一时名贵五羊城。

无锡梅园遍植梅花，梅花盛开时构成"香雪海"，远方专程赏梅者络绎不绝。咏梅诗古往今来也是最多的。

（六）**气象因子** 气象因子是产生深广意境的重要因素。由于气象因子造就的意境在诗词中得到广泛的反映，如：

　　　　　云影波光天上下，
　　　　　松涛竹韵水中央。　　　乐山乌龙寺

　　　　　西涧湘帘，苑外青峦飞秀
　　　　　风披锦带，阶前红药翻香

　　　　　台榭参差金碧里，
　　　　　烟霞舒卷画图中。　　　苏州怡园

　　　　　枫叶荻花秋瑟瑟，
　　　　　闲云淡影日悠悠。　　　南昌百花洲

　　　　　楼高但任云飞过，
　　　　　池小能将月送来。　　　上海豫园明楼

　　　　　清风明月本无价，
　　　　　近水远山皆有情。　　　苏州沧浪亭

　　　　　水光潋滟晴方好，山色空濛雨亦奇，
　　　　　欲把西湖比西子，淡妆浓抹总相宜。　　　杭州西湖

　　　　　涧水流年月，山云无古今。

　　同一景物在不同气候条件下，也会千姿百态，风采各异，如"春水澹冶而如笑，夏山苍翠而如滴，秋山明净而如妆，冬山惨淡而如睡"。同为夕照，有春山晚照，雨霁晚照，雪残晚照和炎夏晚照等，上述各种晚照对人的感情反映是不一样的。

　　中国人爱在山水中设置空亭一所。戴醇士曰："群山郁苍，群木荟蔚，空亭翼然，吐纳云气"。一座空亭，竟成为山川灵气动荡吐纳的交点和山川精神聚积的处所。张宣题倪云林画《溪亭山色图》诗云："石滑岩前雨，泉香树梢风，江山无限景，都聚一亭中"。柳宗元的二兄在马退山建造了一座茅亭，屹立于苍莽中的大山，耸立云际、溪流倾注而下，气象恢宏。承德避暑山庄"南山积雪"一景，仅在山庄南部山巅上建一亭，称为南山积雪亭，是欣赏千里冰封，万里雪飘，银装素裹，玉树琼枝的最佳处。

　　扬州瘦西湖的"四桥烟雨楼"是当年乾隆下江南时，欣赏雨景的佳处。在细雨濛濛中遥望远处姿态各异的四座桥，令人神往。故有"烟雨楼台山外寺，画图城廓水中天"的意境。

　　综上所述，诱发意境空间的因素是很多的。诸如景物的组织、形态、光影、色彩、音

响、质感、气象因子等等都会使同一个空间带来不同的感受。这些形成意境空间的因素很难用简单明确的方式来确定,因为在具有感情色彩的空间中1+1并不等于2。只能通过对比把一种隐蔽着的特性强调出来,引起某种想象和联想,使自然的物质空间,派生出生动的、有生气的意境空间。人们依靠文明,依靠形象思维的艺术处理,能动地创造出园林意境。

第三节 点 景

我国诗人善于抓住园林空间景观的特点结合历史传说等,给予高度的概括,作形象化、诗意浓、意境深的园林题咏。例如西湖三潭印月中有一亭,题名为"亭亭亭",点出亭前荷花亭亭玉立之意,点出了景的主题,丰富了景的欣赏内容,增加了诗情画意,给人以艺术联想,这就是点景。说得更明确些,即点景可使物质空间上升为意境空间。

唐·刘禹锡认为"片言可以明百意,坐驰可以役万景,工于诗者能之"。诗家巨擘确能揽高山大川于数行之间,罗千品万汇于一诗之中,如诗仙李白的"朝辞白帝彩云间,千里江陵一日还,两岸猿声啼不住,轻舟已过万重山"。

广东大良清辉园月洞门外为一巨大的木棉树,骄阳紫荫洒满地,故名"紫园"。洞门题曰"日高紫荫重,时泛花香溢"。深感气势非凡,花香可浴;出月洞门回望,幽静小径,径旁一池秀竹,又借此取名"竹苑",题辞曰"风过有声留竹韵,明月无处不花香"。一个小小的月洞门,却创造出内外两重情趣的意境空间,安排得十分巧妙。园中的一丘一壑,一草一木,皆使览者动心。要使游赏者动心的不仅是景物的外在形象,更主要的是通过景物表现出来的造园家的审美情趣、独特的抒情方法和表露的意境。为了更好地暗示出这种意境本质,造园家们除了组织安排各种构景要素,构成具体风景形象外,还吸取了诗词、匾额、碑刻等文学艺术的表现形式作为辅助。前者使用的是各种构景要素的线条、体型、质感以及色彩等,后者表现在园林中各风景区或主题的题名,厅、堂、亭、榭的匾额,柱上的楹联以及山石上的镌刻等。

中国风景和园林,历来都用简炼的诗一般的文字来点明景题,如杭州西湖的新旧十景,避暑山庄七十二景等。这种与自然风景结合的诗词,是我国造园艺术家独创的,具有民族特色的"标题风景"。凡游赏过的地方,因有了景名印象就深刻。由此可见风景题名对游赏者有一定的诱导和强化作用,减弱了游赏者对景物欣赏的主观随意性,能按照造园家的意图和情感去欣赏。游人进入园林空间后,由于各种感觉因素的作用,使感情升华,匾额和楹联正是表达这种感情的一种形式,是情和意形象的集中表现。反过来,这些匾额和楹联又成为影响游赏者思想感情的感觉因素。当游人进入一个园林空间,由于各种感觉因素的作用,已很有感触,如果再看到这些匾额和对联,就会产生共鸣,从而引导游人进入高一层次的艺术境界。有一些游人一边赏景,一边吟咏匾额和对联上的诗词,顿有所悟,仿佛找到了自己想说而又找不到恰当表达的语言,从而加深领会园林之美和造园家意境设计的匠心。

凡同现实风景结合起来的诗词,所引起的意象会使风景更美,更富于浪漫色彩,这是由于经过思维加工过程的缘故。如拙政园"梧竹幽居"位于水池的尽头,对山面水,在游廊后面种了一片梧桐和竹子，是一个幽深之处。其额曰"月到风来"，楹联为"爽借清风明借月，动观流水静观山"，不仅道出了粼粼清波和假山的动静对比，还借入了清风与明月，构成了虚实相生的迷人境界，使"梧竹幽居"充满了诗情画意。

杭州中山公园内有一座极为普通的四方亭，亭上有一副对联是：

> 水水山山处处明明秀秀
> 晴晴雨雨时时好好奇奇

额为"西湖天下景"。这副对联马上使这方亭身价百倍，使这个原来不足为奇的园林空间意境倍增（照片 9-2）。

由此可知，园林点景不是可有可无的东西。在《红楼梦》第十七回"大观园试才题对额"中借贾政之口说出"若大景致，若干亭榭，无字标题，任是花柳山水，也断不能生色。"为什么不能生色？就因为园林景物在表情达意上有一定的局限性，不能直抒胸怀，须借助题对集中表现艺术的生气和意境。

中国园林中的匾联题对比比皆是，寓意很深，并富有哲理，反映了我国园林中有很深的文化素质和很高的艺术水平。如：

狮子林的"真趣亭"是因清·乾隆御笔所赐"真趣"二字得名，其寓意是"忘机得真趣，怀古生远思"。

网师园中的"月到风来"亭，又名"待月"亭，取唐代诗人韩愈"晚年将秋至，长风送月来"之句而得名。由于亭的位置宜于秋季赏月，有"月到天心，风来水面"之趣。

"沧浪亭"园内有"看山楼和面水轩"，其来因是孔子曾说"仁者乐山、智者乐水"及范仲淹在严先生祠堂记中颂扬子陵的高尚品格时说"云山苍苍，江水泱泱，先生之风，山高水长"。

拙政园中的"与谁同坐轩"，取宋代诗人苏轼"与谁同坐，明月清风我"之句得名。

诗词除用于具体的建筑外，对于园的题名也很考究。题名得体者可助游兴，倍增意境之好。

扬州寄啸山庄，园内有丘陵，有清流，为什么题名寄啸呢？陶潜在《归去来辞》中写道，"倚南窗以寄傲，审容膝之易安……登东皋以舒啸。临清流以赋诗"。陶潜寄什么傲、舒什么啸。那是"富贵非吾愿，帝乡不可期"。园主陶潜借园名以明自己的志，以园景抒发自己的情，这就是寄啸山庄庭园的意境内涵。

苏州耦园的"耦"字是两人一起共同耕种之意。耦园的题名涵蕴着夫妻双双一同归田隐居生活的意境。

苏州园林中有个沧浪亭，拙政园和怡园都有"小沧浪"，网师园有"濯缨水阁"，它们的意境都是沧浪之水清兮，可以濯吾缨，沧浪之水浊兮，可以濯吾足。网师园最早取名"渔隐"，后易为"网师"，网师即渔父也。

黄山名胜迎客松处，朱德题有"风景如画"和毛泽东"江山如此多娇"的题词，马上使黄山更加庄丽，使这株迎客松豪气倍增。赋情山水，情景交融，韵味隽永。由此可见，各种园林题咏的内容和形式是造景不可分割的组成部分。我们把创作园林题咏称为点景手法，它实际上是诗词、书法、雕刻、建筑等艺术的综合艺术。历史上遗留下来的题咏，大部分是诗词、书法、雕刻，建筑和风景结合的精品，具有很高的文物价值。西安北宋碑林和桂林七星岩的桂海碑林，它们本身都是一个很好的风景点。

起点景作用的园林题咏，有的不但能点缀亭榭，装饰壁面，而且可以发人深思，追忆往事，了解该景点的历史、地理故事等。昆明大观楼一百八十字长联，上联写昆明附近东西南北的美丽风光和富饶景象，下联触景生情，发人深思。郭沫若游大观楼后，题《大观楼即事》五律一首："果然一大观，山水唤凭栏，卧佛云中逸，滇池海洋宽。长联犹在望，巨笔仗如椽，我亦披襟久，雄心溢南关"。给大观楼锦上添花，更有声色。

附昆明大观楼一百八十字长联：

五百里滇池（现在只有40里了，海拔1800m），奔来眼底，披襟岸帻，喜茫茫空阔无边。看东骧神骏，西翥灵仪，北走蜿蜒，南翔缟素，高人韵士，何妨选胜登临，趁蟹鱼螺洲，梳裹就风鬟雾鬓，更萃天苇地，点缀些翠羽丹霞。莫孤负四周香稻，万顷晴沙，九夏芙蓉，三春杨柳。

数千年往事，注到心头，把酒凌虚，叹滚滚英雄谁在。想汉习楼船，唐标铁柱，宋辉玉斧，元跨革囊，伟烈丰功，费尽移山心力，尽珠帘画栋，卷不及幕雨朝云，便断碣残碑，都付于苍烟落照。只赢得几杆疏钟，半江鱼火，两行秋烟，一枕青霜。

唐·张继枫桥夜泊诗"月落乌啼霜满天，江枫渔火对愁眠，姑苏城外寒山寺，夜半钟声到客船"。把苏州寒山寺的景色描写得淋漓尽致。现在风景虽已去，意境却仍在。

总之，点景的形式很多，作用很大，因此在园林中应充分利用额对这一手法，搞好点景设计，来增加意境深度。

第四节　情景交融的构思

园林中的景物是传递和交流思想感情的媒介，一切景语皆情语。情以物兴，情以物迁，只有在情景交融的时刻，才能产生深远的意境。在本教材概论部分第七节第五点中曾经用现代审美观点分析过"个园"的四季假山，有过评价，但"个园"仍不失为寓意深远的一个佳例。"个园"的四季假山相传出自大画师石涛之手。能在一块小小的宅第布置以千山万壑、深溪池沼等形势为主体的写意境域，表达"春山淡冶而如笑，夏山苍翠而如滴，秋山明净而如妆，冬山惨淡而如睡"的诗情画意。以石斗奇，结构严密，气势贯通，真是别出新裁，做到了标新立异（图9-2）。

四季假山是该园的特色，表达了园主的构思寓意。

春石低而回，散点在疏竹之间，

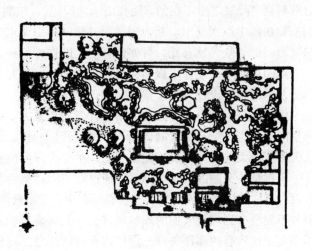

图 9-2　扬州"个园"的四季假山平面布置图

1. 春山　2. 夏山　3. 秋山　4. 冬山

有雨后春笋，万物苏醒的意趣；也有翠竹凌霄，石笋埋云，粉墙为纸，天然图画之感。

夏石凝而密，漂浮于曲池之上，有夏云奇峰，气象瞬变的寓意；也有湖石停云，水帘洞府，绿树浓荫，消暑最宜之感。

秋石明而挺，兀立于塘畔亭侧，有荷销翠残，霜叶红花的意境；也有黄石堆山，夕阳吐艳，长廊飞渡，转为秋色之感。

冬石柔而团，盘萦于墙脚树下，有雪压冬岭，孤芳自赏的含意。亦有北风怒号，狮舞瑞雪，通过圆窗，探问春色之感。

在一个小小的庭园空间里，景与情交融在一起，可谓"遵四时以叹逝，瞻万物而思纷"的真实写照。再观其用色，春石翠，夏石青，秋石红，冬石白。用石色衬托景物的寓意，渲染空间气氛，给人以极深的感受。

第二个情景交融的例子是苏州耦园。耦园的主人沈秉成是清末安徽的巡抚，丢官以后，夫妇双双到苏州隐居。他出身贫寒，父亲是靠织帘为生的。这个耦园是他请一位姓顾的画家共同设计建造的。"耦园"的典型意境在于夫妻真挚诚笃的"感情"。

在西园有"藏书楼"和"织帘老屋"，织帘老屋四周有象征群山环抱的叠石和假山，这个造景为我们展示了他们夫妇在山林老屋一起继承父业织帘劳动和读书明志的园林艺术境界。

在东花园部分，园林空间较大，其主体建筑北屋为"城曲草堂"，这个造景为我们展示出这对夫妇不慕城市华堂锦幄，而自甘于城边草堂白幄的清苦生活。

每当皓月当空、晨曦和夕照，我们可以在"小虹轩"曲桥上看到他们夫妇双双在"双照楼"倒影入池，形影相怜的图画。楼下有一跨水建筑，名为"枕波双隐"，又为我们叙述夫妇双栖于川流不息的流水之上，枕清流以赋诗的情景。

东园东南角上，临护城河还有一座"听橹楼"。这又为我们指出，他们夫妇双双在楼上聆听那护城河上船夫摇橹和打桨的声音。

在耦园中央有一湾溪流，四面假山拥抱，中央架设曲桥，南端有一水榭，名山水洞，出自欧阳修"醉翁之意不在酒，而在山水之间也"。东侧山上建有吾爱亭，这又告诉我们，他们夫妇在园中涉水登山，互为知音，共赋"高山流水"之曲于山水之间，又在吾爱亭中唱和陶渊明的"众鸟欣有托，吾亦爱吾庐。既耕亦已种，时还读我书"的抒情诗篇。

耦园就是用高度艺术概括和浪漫主义手法，抒写了这对夫妇情真意切的感情和高尚情操的艺术意境，设计达到了情景交融。

情景交融的构思和寓意，运用设计者的想象力，去表达景物的内涵，使园林空间由物质空间升华为感觉空间。同诗词、绘画、音乐一样，为观赏者留下了一个自由想象，回味无穷的广阔天地，使民族文化得到比诗画更为深刻地身临其境的体验。

不过情景交融的构思与寓意，通过塑造园林景物和创造意境空间，交流人的思想感情有着时代、阶级和民族的差异。古典园林中，意境最深也只是属于过去的，虽然遗存下来，但并不完全受到现代人们的理解和接受，尤其是年轻人。就以上两园来说，其实际效果并不象文字所形容的那样美好。那样富有诗情画意。园林中的假山，是中国园林的特点。但真正堆得好的假山，并不多见。如白居易《太湖石记》中所述"承相奇章嗜石，与石为伍，所奇者，太湖石为甲。无非是其状如虬如凤、如鬼如兽之类"。这种拘泥于"瘦、透、漏、皱"的外形，玩山石于兽怪、娇态的情调，同今天人民热爱祖国壮丽山河的情感，不能同日而语。上海龙华公园的"红岩"假山和广州白云宾馆的石景都巍然挺拔，气势磅礴，毫无矫揉造作之意，却有刚毅之感。同是用石，其构思寓意具有强烈的时代感（照片 9-3）。广州东方宾馆的"故乡水"使海内外游子感到分外亲切，此景、此意、此情更为浓郁（照片 9-4）。

第五节　园林意境的创造

园林艺术是所有艺术中最复杂的艺术，处理得不好则杂乱无章，哪来意境可言，老是按古人的诗画造景也就缺少新意。清代画家郑板桥有两句脍炙人口的话："删繁就简三秋树，标新立异二月花"，这一简、一新对于我们处理园林构图的整体美和创造新的意境有所启迪。园林景物要求高度概括及抽象，以精当洗炼的形象表达其艺术魅力。因为越是简炼和概括，给予人的可思空间越广，表达的弹性就越大，艺术的魅力就越强，亦即寓复杂于简单，寓繁琐于简洁，与诗词及绘画一样，有"意则期多，字则期少"的意念，所显露出来的是超凡脱俗的风韵。

（一）简　就是大胆的剪裁。中国画、中国戏曲都讲究空白，"计白当黑"，使画面主要部分更为突出。客观事物对艺术来讲只能是素材，按艺术要求可以随意剪裁。齐白石画虾，一笔水纹都不画，有极真实的水感，虾在水中游动，栩栩如生。白居易《琵琶行》中有一句诗"此时无声胜有声"。空白、无声都是含蓄的表现方法，亦即留给欣赏者以想象的余地。艺术应是炉火纯青的，画画要达到增不得一笔也减不得一笔，演戏的动作也要做到举首投足皆有意，要做到这一点，要精于取舍。

（二）夸张　艺术强调典型性，典型的目的在于表现，为了突出典型就必须夸张，才能给观众在感情上以最大满足。夸张是以真实为基础的，只有真实的夸张才有感人的魅力。毛泽东描写山高："离天三尺三"，这就是艺术夸张。艺术要求抓住对象的本质特征，充分表现。

（三）构图　我国园林有一套独特的布局及空间构图方法，根据自然本质的要求"经营位置"。为了布局妥贴，有艺术表现力和感染力，就要灵活掌握园林艺术的各种表现技巧。不要把自己作为表现对象的奴隶，完全成为一个自然主义者，造其所见和所知的，而是造由所见和所知转化为所想的，亦即是将所见、所知的景物经过大脑思维变为更美、更好、更动人的景物，在有限的空间产生无限之感。艺术的尺度和生活的尺度并不一样，一个舞台，要表现人生，未免太小，但只要把生活内容加以剪裁，重新组织，小小的舞台也就能容纳下了。在电影里、舞台上，几幕、几个片断就能体现出来，而使人铭记难忘。所谓"纸短情长"、"言简意赅"，园林艺术也是这样，以最简练的手法，组织好空间和空间的景观特征，通过景观特征的魅力，动人心弦的空间便是意境空间。

有了意境还要有意匠，为了传达思想感情，就要有相应的表现方法和技巧，这种表现方法和技巧统称为意匠。有了意境没有意匠，意境无从表达。所以一定要苦心经营意匠，才能找到打动人心的艺术语言，才能充分地以自己的思想感情感染别人。

综上所述，中国园林设计，特别强调意境的产生，这样才能达到情景交融的理想境地。

所以说，中国园林不是建筑、山水与植物的简单组合，而是赋有生命的情的艺术，是诗画和音乐的空间构图，是变化的、发展的艺术。

歌德在古罗马圣彼德大教堂前广场柱廊里散步，他觉得好象在享受音乐的节律，所以当时德国的浪漫主义文学家们传出了"建筑是凝固的音乐"。古希腊诗人席蒙德斯认为"诗是有声的画，画是有形的诗"。德国音乐家和作曲家郝兹·汉普特蒙参照这对偶句给歌德补充了下联"音乐是流动的建筑"。由此可见把园林比作"有声的画、有形的诗、凝固的音乐和流动的建筑"是当之无愧的。

真正的艺术是感人的、持久的，但不是静止的，它应当在新的条件下得到发展，要有时代感。有时代的精神面貌和思想感情。社会主义的园林永远是山青水秀、林木繁茂、鸟语花香、万紫千红，一派欣欣向荣的景象。在园林中应力求体现大自然的美，用纯朴的艺术语言，诱导游人的精神进入一种优美之境，在绿茵中散步，呼吸着新鲜空气，身心舒展。鸟语花香，眼前闪现出勃勃生机，心中充满着无限欢乐。这些美的享受，使精神奋发，情操向上，审美提高，对于埋头建设四化的人们，需要这种有益于精神文明的美的世界。

园林属于艺术范畴，是上层建筑。优秀的艺术作品具有两种伟大力量，即"情的感染与美的享受"。这两种力量既产生于作品的内容，又来源于作品的形式。艺术家必须两者兼顾，他的艺术才能达到完美境地。如果偏重于某一方面，都会使作品失色。这就要求作者有先进的思想，忠于人民，在创作中，从生活出发，以艺术家的眼光，从大自然中摄取最受感染的材料，然后运用最恰当的艺术手法，把它表现出现。要求形式更为完善，意境更为抒情。

第十章　公园规划设计构思实例

宁波市姚江公园《提要》

本文说明以下几点：

1. 在面积小，自然景观贫乏的条件下，如何进行地形改造，使公园面积利用率较大，花钱较少，艺术效果较高。

2. 在为各种年龄层次游人安排游乐设施时，对众多的游乐设施要有选择性，要突出重点，抓住不同层次游人的心理特点安排游乐设施。如在第一方案中的"童话世界"突出"奇"字，"冒险家乐园"突出"险"字，在"老少偕游"中突出"稳"字。若做到以上三字，就足以吸引广大市民和儿童来此活动，无须面面俱到，样样具全，空出面积进行绿化；在第二方案中突出"雅"和"静"二字，做到反朴归真，回归自然又不同于自然的艺术境界。

3. 在植物配置中突出乡土树种，形成地方风格和特点。在规划中主要用植物结合地形地貌来创造三境，力求做到融游乐于良好的生态环境之中。

宁波市位于甬江、姚江和奉化江的交汇处，是萧甬铁路的终点。唐宋时就是我国著名的通商口岸，自改革开放后，宁波辟为对外国际贸易港口。在新形势下，提出增加绿化覆盖率，辟建姚江公园。

一、简　　况

姚江公园位于市西南的姚江边上，南北长为550m，东西宽150m的长方形地段，面积为82500m²。原为市苗圃，地势平坦，与姚江仅一道之隔，其它三面皆为农田，自然风景贫乏，要求建设成为风景优美、环境舒适的现代化公园，是有一定难度的。

二、公园性质及指导思想

公园位于市区规划范围之内，交通方便，属城市公园。有关同志对公园规划有两种倾向，一是突出经济效益，建设成游乐园，以吸引众多游人，增加票房价值；二是建成综合性公园，以安静休息为主，少量游乐设施。这是因为宁波市绿地面积少，大型公园更少的现状而提出的。针对以上两种倾向，作出两个方案，一个侧重于动的休息，一个侧重于安静休息，但两个方案的指导思想却是一致的，即：

1. 切实贯彻为人民服务的思想，考虑各种年龄层次游人的游憩需要；

2. 以植物造景为主，融游乐于良好的生态环境之中；

3. 处理好实用、经济与美观三者之间的辩证关系，使公园面积的利用率较大，花钱较少，艺术效果较高。

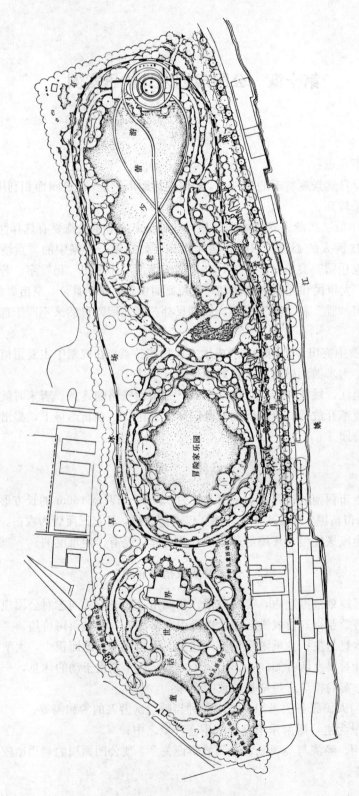

图 10-1 方案一，游乐公园规划图
姚江游乐园规划平面图图比例 1：500

三、规划设计的艺术构思

本规划以突出植物景观为特色，在改造地形的基础上，做到丘陵起伏，碧水长流，林木葱郁、鸟语花香，使其充满着诗情画意。在发扬园林艺术民族传统的基础上，吸收西方园林的优点，形成现代园林新风格。

四、地形改造

不同的园林地形地貌能反映出不同的景观特征，本园原地形平坦，要在这种地形上创造幽静深邃的自然风貌，必须改造地形。根据实用、经济和美观的原则，在这有限的面积上，尽可能提高环境容量，把水体压缩到仅供欣赏的小水面，如溪、涧、瀑、潭及池塘水院等，并把它们联系起来形成水系。与此同时，把挖出来的土方就近堆成高不盈丈的丘陵起伏地形。萦回环流的水系与起伏变化的地形结合，再配植丰富的植被，形成有隔有联，有掩有露的大小不同的流动空间，创造层次分明，景物深远的园林景区。既可游赏，又可远眺，并为功能分区和景点布置创造了有利条件。

五、布局与功能分区

方案一，公园入口正门设在公园的东边，与新修的高速公路相接。后门设在公园的北端与滨江路相接。根据公园长方形的地形，从正门始：顺次划分为"童话世界"、"冒险家的乐园"和"老少偕游"等三大部分（图10-1）。按照常规，把儿童游玩区放在公园的入口附近，又是全园的起点，游人一进大门，便可透过由白玉兰和樱花构成的框架，见到一座造型别致、尺度很小的宫殿。这一框景作为全园的起景，把围合在密树稠林中的"老少偕游"作为游园的高潮与结景。现将各区设计要点分述如下：

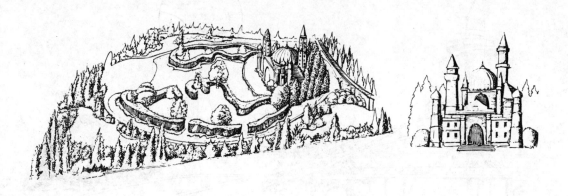

图 10-2 童话世界效果图

"童话世界"（图10-2），位于主入口正面，面积为15825m²，占总面积19.5%。该区的主题建筑为"少儿宫"。这座宫殿的朝向并不正对公园大门，而是偏离大门中线20°，成为"童话世界"中的主题建筑，而不是公园的主题建筑。消除了正对大门的严肃性，因而显得轻松活泼。随着地形的起伏，宽窄不一的绿篱和丰富的花草树木，把童话世界划分成大小不同的空间，将幼儿、学龄前儿童及学龄儿童的活动区分开来，各得其所，使儿童进入这个区域，便寻找到这是属于自己的世界，能产生各尽其乐与兴奋欢快情绪。

"冒险家"的乐园内设置有三环滑车、跋山涉水和旱冰场等内容，占地面积 21700m²，约为总面积的 26.3%。其中三环滑车位于全园的中段，周围有溪涧树木分隔的独立空间；勇

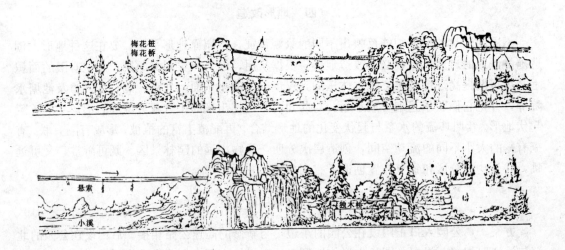

图 10-3　跋山涉水景观效果图

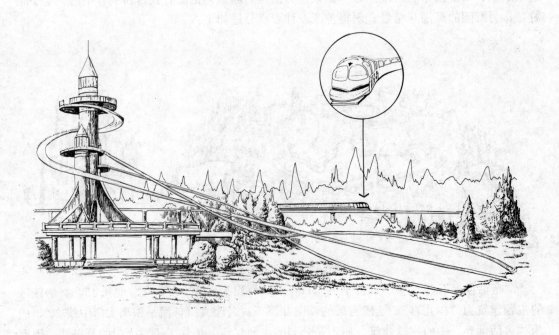

图 10-4　老少偕游的景中三环螺旋波形滑梯效果图

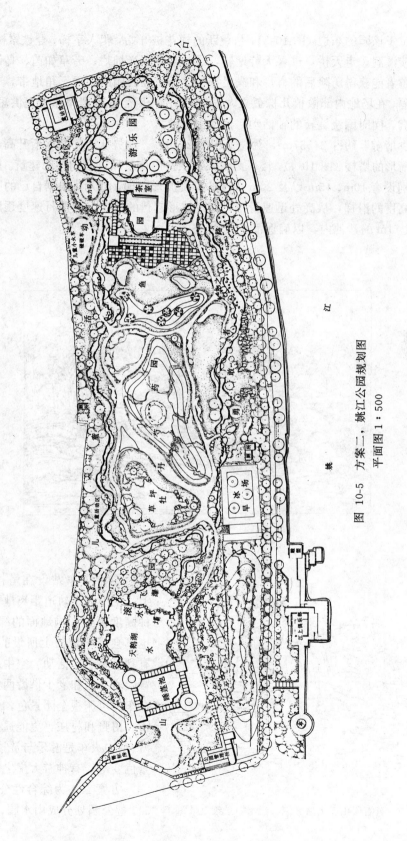

图 10-5　方案二，姚江公园规划图

平面图 1：500

敢者之路位于该园的东边（图 10-3），从跳跃的梅花桩开始，爬人字梯，登铁索桥，穿洞穴，悬索道，涉溪涧，走天桥，进入天旋地转，最后来到阳光灿烂、芳草如茵、鸟语花香的光明世界，游者能获得历险后的喜悦和满足。旱冰场设在公园的西面三角地带，有边界林和主干道相隔，在场地内部散植几株孤立大银杏，下围一圈坐凳给滑旱冰者提供短暂的歇息、纳凉和欣赏，同时围绕旋转的轴活动，使动中生趣。

"老少偕游"约占 24587m²，为总面积的 29.8%。地势从南向北逐渐升高，在高处设一登月火箭形的塔楼（图 10-4），楼下为游人提供室内休息和进餐的柱廊建筑。楼从第三层到顶层分别设有 10m、15m 以及 20m 高度的螺旋波形滑梯，游人可根据自己的胆量选择适合于自己高度的滑梯，从高处迅速滑下，通过波形起伏的滑道，使滑行速度逐渐减缓，徐徐滑入深达 1m 的沙池内，以确保滑行安全。

图 10-6 岩石园小景

图 10-7 黄石假山、飞瀑、潭、滚水霸景致效果图

空中火车站设在塔楼的三层楼上，空中火车轨道距离地面 10m，这种高度不致影响地面的绿化与造景，也不会影响地面上所设的游乐设施，有利于多层次活动。空中火车围绕着冒险家乐园和老少偕游两区运转，坐在车上可俯视全园景色，也能远眺城市、田野和村庄，更能遥见江河与大海。空中火车是游乐与赏景的最佳处，景色变幻，有神游太虚之感。

方案二，为综合性公园（图 10-5）。把公园划分成山水园、牡丹园、鱼乐园和游乐园等四大部分。为满足各种年龄层次的人们的爱好，它附设有旱冰场、"童话世界"及"跋山涉水"等体育游乐设施。其中"跋山涉水"与方案一完全相同，其在园内的位置不变；旱冰场在公园正门入口靠东面，与"跋山涉水"相衔接，以方便青少年游玩；"童话世界"设在公园的西北角与游乐园相邻，内容与方案一基本一致，只是规模要小得多。公园的展示序列是以山水园为起景，牡丹园为高潮，鱼乐园为转折，游乐园为结景。公园的环境气氛一反常规，先静后动，把嘈杂声留在公园的密林深处。现将四个区的设计内容分述如下：

山水园是由水体和假山石园（图 10-6）两部分构成，以水景为主体，假山岩石园起陪衬与烘托作用，使水景更幽美。水景的水体分为三个层次。由公园正门入口到"飞瀑"黄石假山止。有一组命名为"归真反璞"的主题建筑，与大门成对景，在竹石掩映中具有简朴高雅的风格。这组建筑是由亭、廊及水榭组成水院，种睡莲，为水体的第一层次；第二层次是山水园中面积较大的水池"天鹅湖"，养殖天鹅和鸳鸯，给宁静的环境增添生动活泼的气氛；第三层次为飞瀑深潭。飞瀑从一座黄石假山上飞流直泻深潭，潭水溢出通过自然式滚水霸（图 10-7）流入天鹅湖，再由天鹅湖进入睡莲池，从池的溢水孔经暗渠再流入深潭，然后由水泵把潭水提高到黄石假山上，再化作飞瀑而下，如此循环往复，水流不断。

构成飞瀑的这座黄石假山恰好是"归真反璞"轩的对景和第二部分牡丹园的障景。

根据明·计成的造园思想，在水体的两岸空地上构筑假山岩石园，是融西方岩石园于中国假山园中，期望产生推陈出新的效果。要求把围墙加固兼作挡土墙，把挖出的池土沿墙堆成半壁山麓。外石内土，在恰当的地方布置石景以加固土坡。选用生长低矮，色泽淡雅的球根宿根花卉作地被植物，嵌植在岩石基部及其缝隙之中。石高耸者攀附凌霄，卧地石以紫藤配植；用常春藤、络石等蔓延地表、石面和墙面，构成地被植物的网络，把球宿根花卉分植成大小不同的色块。在恰当的位置散种几株玉兰、樱花、金钟花、紫荆、杜鹃以及一些常绿的观叶植物、针叶树和色叶树等，与峰石形成高低起伏的林冠线，将墙面挡

图 10-8 以大理石柱廊为中心的牡丹园景观图

住，使赏景者莫测高深。水边置石矶，植垂柳，种芦获、菖蒲、千屈菜等，形成色彩素雅、生气勃勃的假山岩石园，可游可赏，四季成景。

牡丹园位于全园的中部，南有黄石假山，北有高地，东西两边有溪涧与其它区域隔离，成为完整独立的区域。牡丹种植在一块形似红菱的丘陵园地上。三面均有宽阔视距之草坪，藉以扩大空间以供远眺，在丘陵地上，有崎岖屈曲的蹬道石阶以供近赏。用白色大理石修筑的椭圆形柱廊作为牡丹园的中心，在柱廊内漫步，便能环视牡丹园的全景（图10-8）。

鱼乐园，由茶室与廊架围合而成的水园，在此可观鱼休息，饮茶进餐。在鱼乐园的前庭有草坪，正对牡丹园北高坡上，配置棕榈、凤尾兰和石蒜，在草坪边缘种植春秋球根花卉（忌种美人蕉），形成一派热带风光和山花烂漫的景象（图10-9）。

游乐园内部设有空中飞艇、电动风车等，周围用密树稠林与其它各部分隔开，成为全园的结景。

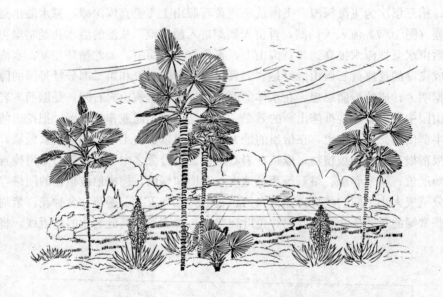

图 10-9　鱼乐园前景，以棕榈林为上木、凤尾兰为下木的景效图

六、道路系统

以上两个方案的道路系统基本一致，均采用环形路联系各区，避免游人走回头路。道路交叉与溪、涧若接若离，一为延长游览路程，二为增加景面变化。

七、植物配置

注重植物造景。要达到春天山花烂漫、芳草如茵；夏天浓荫覆盖，凉风习习；秋天万紫千红，丹桂飘香；冬天松柏青翠，腊梅吐芳的四时景观，还要突出地方特点，选当地优良树种银杏、水杉等孑遗植物和黑松为骨干。水杉作境界树种，造成林木森森的景象。溪边、池旁水杉倒影，使景色幽静和深沉。用银杏作孤赏树，百年大树，冠大荫浓，为园林创造雄健粗犷的景观。用黑松创造冬景和画境，虬枝盘扎，构成天然图画。

全园各区的主调树种常随时间而变换，例如在山水园中，以少量的碧桃为主，垂柳为辅构成春景；用睡莲为主，白薇为辅构成夏景；以芦荻花为主，红枫为辅构成秋景；以松柏为主，腊梅为辅构成冬景。以松、竹、梅为主调的山水区，虽然有姹紫嫣红的时候，但从总体上看，始终能保持清新高雅的格局。牡丹园兼种四季花卉，使四季有花可赏，盛况不衰。鱼乐园以棕榈树为主调，凤尾兰、石蒜花相配，体现热带风光。游乐园以樟树为主调，与下木杜鹃构成春景。以垂枝五角枫和枫香等的红叶为主调构成秋景。溪涧水体为植物造景创造优越的条件，可以多层次的进行配置。例如在沿岸的水中，选植荷花、水生鸢尾、慈姑、千屈菜等，在水岸线上种植湿生的芦荻和水芋等，在岸上可成片种植球宿根花卉，与乔灌木配合默契，形成一条幽静深邃的花溪（图 10-10）。

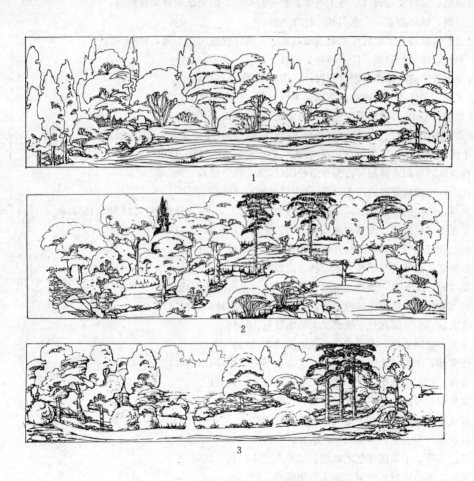

图 10-10 溪岸边上植物多层次配置景效图

参 考 文 献

[1] 过元炯，中国古典园林造园设计手法，建筑科普，1980

[2] 过元炯，园林规划设计、施工与养护管理的关系，黑龙江园林科技情报，1986

[3] 过元炯，植物造景，广东园林，1988（3）

[4] 过元炯，植物艺术配置理论的形成与发展，浙江农业大学学报，1992（2）

[5] 过元炯，园林色彩美，广东园林，1991（4）

[6] 过元炯，宁波市姚江公园规划设计，中国园林，1991（4）

[7] 过元炯，多样统一规律在园林规划中的应用，广东园林，1992（3）

[8] 王星伯，假山，《清华大学建筑史论文集》，第三辑，1979

[9] 窦武，中国造园艺术在欧洲的影响，《清华大学建筑史论文集》，第三辑，1979

[10] 中国园林学会筹备委员会，圆明园，《圆明园》，第三辑，1984.11

[11] 程世抚，苏州古典园林古为今用的探讨，《建筑学报》，1980.3

[12] 沈洪，论园林发展的三个阶段，《中国园林》，1985

[13] 徐萍，传统的启发性、环境的整体性和空间的不定性，《建筑师》，11 期，1982.8

[14] 李恩山、杜汝俭，园林建筑设计，中国建筑工业出版社，1986.5

[15] 赵光辉，中国寺庙的园林环境，北京旅游出版社，1987.11

[16] 余树勋，园林美与园林艺术，科学出版社，1987.8

[17] 夏兰西、王乃弓，建筑与水景，天津科学技术出版社，1986.2

[18] 杭州园林局，杭州园林植物配置，城市建设杂志社，1981.11

[19] 张家骥，中国园林史，黑龙江人民出版社，1986

[20] 童寯，造园史纲，中国建筑工业出版社，1983

[21] 汪菊渊，中国古代园林史纲要，北京林学院印刷厂，1980.10

[22] 童寯，江南园林志，中国建筑工业出版社，1990.11

[23] 陈从周，说园，同济大学出版社，1984.11

[24] 陈从周，园林丛谈，上海文化出版社，1980.9

[25] 陈从周，帘青集，同济大学出版社，1987.5

[26] 宗白华等，中国园林艺术概况，江苏人民出版社，1987.3

[27] 陈植，园冶注释，中国建筑工业出版社，1979.3

[28] 伍蠡甫，山水与美学，上海文艺出版社，1985.3

[29] 王朝闻，美学概论，人民出版社，1980.6

[30] 王朝闻，艺术概论，文化艺术出版社，1983.2

[31] 王宗年，建筑空间艺术及技术，成都科技大学出版社，1987.12

[32] 刘少宗、龚理淑等，城市街道绿化设计，中国建筑工业出版社，1981.9

[33] 《中国园林优秀设计集》编写组，中国园林优秀设计集（一），广东技术出版社，1989.1

［34］彭一刚，中国古典园林分析，中国建筑工业出版社，1986.12

［35］中国规划设计研究院，中国新园林，中国林业出版社，1985.9

［36］［意］布鲁诺·赛维著，建筑空间论——如何品评建筑，中国建筑工业出版社，1985.3

［37］［法］丹纳著傅雷译，艺术哲学，人民文学出版社，1983.2

图 8-1 圆明、长春、绮春三园总图

圆 明 园

1. 照壁 2. 转角朝房 3. 圆明阁大宫门 4. 出入贤良门 5. 翻书房茶膳房 6. 正大光明殿 7. 勤政亲贤殿 8. 保合太和殿 9. 吉祥所 10. 前垂天贶 11. 洞天深处 12. 福园门 13. 如意馆 14. 南船坞 15. 缕月云开 16. 九洲清宴殿 17. 慎德堂 18. 茹古涵今 19. 长春仙馆 20. 四宜楼 21. 十三所 22. 西南门 23. 藻园门 24. 藻园 25. 山高水长 26. 坦坦荡荡 27. 西船坞 28. 万方安和 29. 杏花春馆 30. 上下天光 31. 慈云普护 32. 碧桐书屋 33. 天然图书 34. 九孔桥 35. 澡身浴德 36. 延真院 37. 菊院荷风 38. 同乐园 39. 坐石临流 40. 澹泊宁静 41. 多稼轩 42. 天神坛 43. 武陵春色 44. 法源楼 45. 月地重居 46. 刘猛将军庙 47. 日天琳宇 48. 瑞应宫 49. 汇万总春之庙 50. 渡溪乐处 51. 柳浪闻莺 52. 水木明瑟 53. 文源阁 54. 舍利城 55. 廓然大公 56. 西峰秀色 57. 菱荷香 58. 棠芳书院 59. 安佑宫 60. 西北门 61. 紫碧山房 62. 顺水天 63. 鱼跃鸢飞 64. 大北门 65. 课晨轩 66. 若帆之阁 67. 清旷楼 68. 关帝庙 69. 天宇空明 70. 蓝珠宫 71. 方壶腾景 72. 三潭印月 73. 大船坞 74. 安澜园 75. 平湖秋月 76. 君子轩 77. 藏密楼 78. 雷峰夕照 79. 明春门 80. 接秀山房 81. 观鱼跃 82. 碌油门 83. 秀清村 84. 别有洞天 85. 南屏晚钟 86. 广育宫 87. 夹镜鸣琴 88. 一碧万顷 89. 湖山在望 90. 蓬岛瑶台

长 春 园

91. 长春阁大宫门 92. 澹怀堂 93. 倩园 94. 思永斋 95. 海狱开襟 96. 含经堂 97. 淳化斋 98. 蕴真斋 99. 玉玲珑馆 100. 茹园 101. 建园 102. 大东门 103. 七孔闸 104. 狮子林 105. 泽兰堂 106. 保香寺 107. 法慧寺 108. 借奇趣 109. 储水楼 110. 万花阵俗名黄花灯 111. 方外观 112. 海晏堂 113. 远灌观 114. 线法山正门 115. 线法山 116. 螺丝牌楼 117. 方河 118. 线法墙

绮 春 园

119. 万春园大宫门 120. 凝晖殿 121. 中和堂 122. 集福堂 123. 天地一家春 124. 蔚藻堂 125. 风麟洲 126. 涵秋馆 127. 展诗应律 128. 庄严法界 129. 生冬室 130. 春泽斋 131. 四宜书屋 132. 假表塑 133. 延寿寺 134. 清夏堂 135. 含晖楼 136. 流杯亭 137. 运料门 138. 绿满轩 139. 畅和堂 140. 河神庙 141. 点景房 142. 沉心堂 143. 正觉寺 144. 鉴碧亭 145. 西爽村门

A

月季圃

水榭
至茶室

兰圃

展览廊

盆景园

盆景制作场地

暖房

B

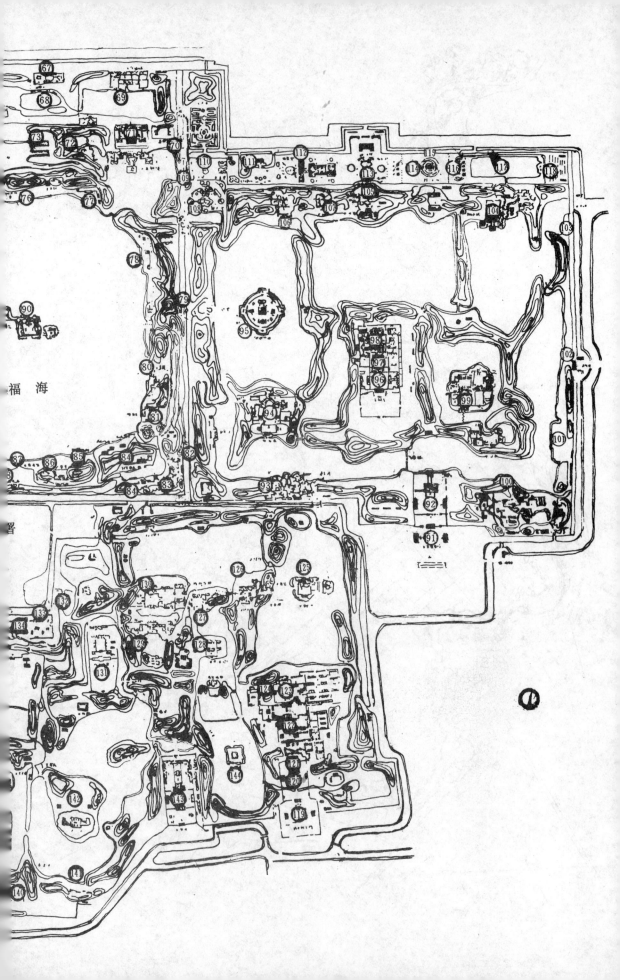

图 4-3　与水体保持若接若离，若隐若现的道路示例

A、B. 宁波市盆景园改建方案之一，花卉盆景园规划图：设计者过元炯，绘图者周国宁。

牡丹芍药圃

睡莲池

世花

基地

暖房

停车场

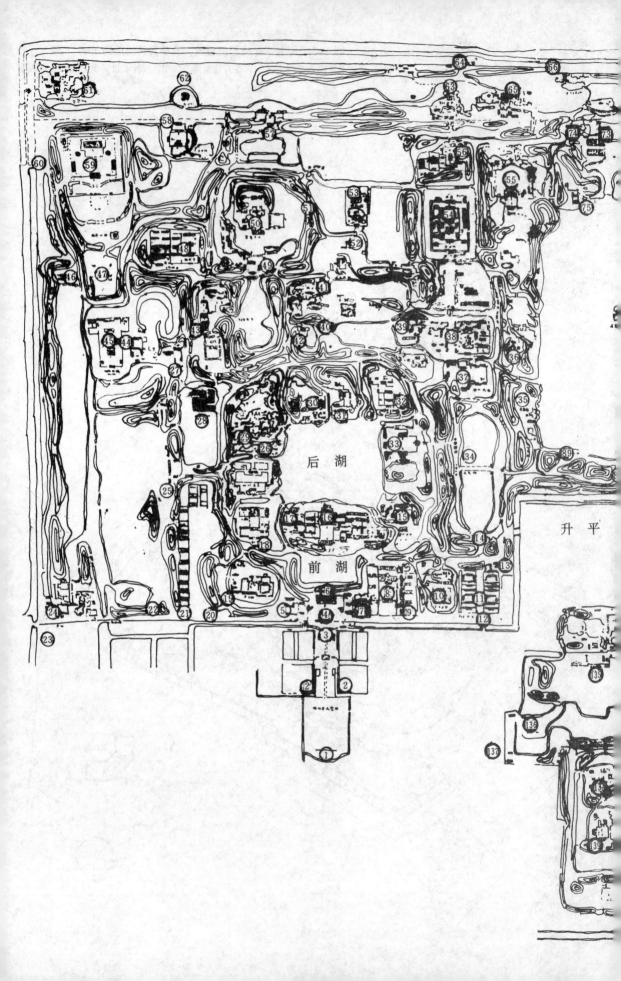

后 湖

前 湖

升 平

照片 1　英国北爱尔兰安特令
海岸的巨人堤
《世界知识画报》
1988年第1期

照片 2　规则式园林给人以
整洁明朗之感
《Garden design》照片为
法国Vaux—levicomte

照片 3 扬州 "个园" 中的四季假山
1.春山 2.夏山 3.秋山 4.冬山

第一章

照片 1-1　丘陵起伏的地形

照片 1-2　南京"瞻园"内的地形地貌，自然流畅，美丽动人，富有节奏感，具有诗情画意

1.水旱假山的瀑布　2.水旱假山　3.溪涧

照片 1-3 浙江绍兴市的"云骨"拔地而起
《浙江》

照片 1-4 苏州留园的冠云峰
《Post Card》

照片 1-5 石 组
1.深圳东湖公园土山顶上的置石 2.路边树旁的置石

照片 1-6 树 池

照片 1-7 用云片石镶嵌在墙上,如同天上的浮云。在石上再种上植物,更增添生机,此种手法胜浮雕一筹,真可谓匠心别具

照片 1-8　平湖秋月景点内之石桌和石凳

照片 1-9　假山石与植物造景结合

照片 1-10　装点建筑入口的石景

照片 1-11　喷泉夜景

1　　　　　　　　　　　　　　　　　　　　　　　　　　　　2

照片 1-12　拟自然式小溪景观

1.杭州植物园玉泉小溪　2.这是一条人工小溪，在纽约市北郊小山坡附近，用动力设备
组合岩石，在石缝中种植的是本地高山植物，其风格颇适合于我国东北地区的园林
《Landscaping with wildflower and Native plants》

照片 1-13　流线型水体示例

照片 1-14　图案式水体示例杭州黄龙饭店
大门两侧的龙头壁泉

照片 1-15　混合式水体示例

照片 1-16　浙江农业大学之池景

照片 1-17　天然瀑布与人工
微塑瀑布之比较
1.贵州黄果树瀑布　2.深圳"锦绣中华"
公园中的黄果树瀑布微塑，前者气势
磅礴，后者形神具备，微妙微俏

照片 1-18　浙江省人民医院侧庭内，一泓
潭水给庭园带来无限情趣

照片 1-19　喷泉景观，泉水像蒙在景物上的一层轻纱

照片 1-20　水岸景观

1.草岸景观　2.假山石岸景观　3.岛岸植物景观

第二章

照片 2-1 颐和园主题"佛香阁"

照片 2-2 作为对景的黄石大假山

照片 2-3 偏对起到怀抱琵琶半遮面的效果

照片 2-4 障 景
1.上海龙华公园的山障 2.上海烈士公园的组雕障

照片 2-5 框 景

1和2为上海东风公园同一园洞门之正反两面，由于处理不同，出现
两番情趣　3.哈尔滨斯大林公园之框景　4.美国的不封顶之框景

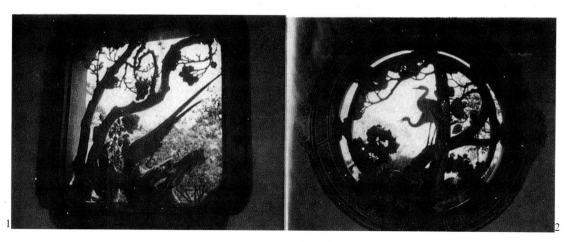

照片 2-6 漏 窗

第
三
章

照片 3-1 凡以天空为背景的雕塑，由于其背景简洁，形象更为突出而越显其庄严伟大或恬静美丽

照片 3-2 受环境色和湖底沉积物色彩的影响，所以九寨沟的湖呈五彩色

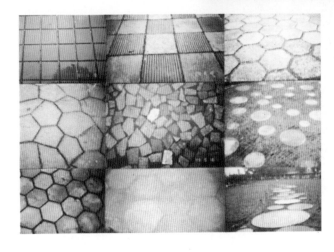

照片 3-3 地面色彩

照片 3-5 色块镶嵌景观

照片 3-7 重点色景观

照片 3-4 单色或类似色景观

照片 3-6 色彩模糊镶嵌景观

第四章

照片 4-1 蛇行路

照片 4-2 镶嵌在绿地中的园路,自然美丽

照片 4-3 中山市国际酒店内天台花园的汀步

照片 4-4 公园广场
1.宁波市三江公园入口广场 2.杭州花港观鱼公园内之休息活动场地 3.用碎石子虚铺的休息广场

照片 4-5 昆明大观楼公园的栏杆具有前进的韵律感　　　　　　照片 4-6 坐凳式矮栏杆

照片 4-7 雕　塑
1.小鹿你别走，让我再亲亲你
2.骏马　3.天鹅　4.塑石

照片 4-8 灯光给园林美增添无穷魅力

照片 5-1　这组本来生硬的石块由于有植物匍地柏和书带草的配合，显得较自然和富有生气

照片 5-3　古　榕

照片 5-4　落叶乔木的冬态

照片 5-2　人工生态群落
1.英国公园的植物生态
群落景观　2.我国园林
中的生态群落景观

照片 5-5　1.种在水边上的孤赏树　2.黑松以其高度和姿态之苍劲，突出于其它植物之上，作为牡丹亭之侧配景

照片 5-6　两株树丛植景观

照片 5-9　绿篱造景

《Visions of Paradise》

照片 5-7　用开花灌木造景

1.灌木十姊妹与假山石配合作为园林建筑的基础栽植　2.灌木牡丹配置在草地边缘作为乔
木的下木　3.灌木牡丹作为牡丹园的主题，种在高丘边缘，供游人欣赏　4.作为乔木的下
木和高丘护坡的杜鹃花　5.在林缘作乔木和草地的过渡物—金丝桃

照片 5-8　藤本植物造景
1.堤上的紫藤长廊　2.攀扶在岩石上的
金银花（*Lonicera japonica Thunb.*）
3.回归自然的野蔷薇和粉团月季

89 5 12

照片 5-10　墙的基础栽植

照片 5-11　哈尔滨市斯大林
公园的模纹花坛

照片 5-12　立体花坛造型

1

2

3

4

照片 5-13　花境景观

1.用成群成丛的蓝猪儿 Torenia 和郁金香 Tulipa 布置春季花境，把花儿排列成简单的对比色块以
达到最大的视觉效果。用一排闪亮的常绿树作背景以衬托美丽的花朵。美丽的色彩原是球茎和多年生花
卉的典型特征，多年生花卉则有助于花境色彩的调和和结构的精巧　2.用勿忘我 Forget-me-nots、庭
芥 alyssum、堇菜 violetsd 和杜鹃花 azaleas 排列在花园小径的两侧。　3.用星芹 Astrantia，粉红色
和白色的百合花 lilies 以及蕨类 ferns 紧挨着种在种植床上，较高的花卉种在种植床的背后高堤上以加
强庭院的封闭感　4.围绕着林地水池种植郁金香、勿忘我和喜湿的植物，令人感到舒适

《Garden Design》

照片 5-14　德国鸢尾花群景观

照片 5-15　疏林草地中的野花
《landscaping with wildflowers
and Native plants》

照片 5-16　草皮给园林提供了
一个有生命的底色，
把各种景物统一协
调起来，照片为杭州
植物园大草坪
《杭州植物园》

照片 5-19 雪松大草气势非凡

照片 5-17 万物在如茵的芳草衬托下，大自然会变得更加美丽

1. 园路在草地干花丛中穿过，显得分外自然和美丽 2. 镶嵌在草坡中间的水池显得格外明净

图 5-18 疏林草地景观

照片 5-20　牡丹园中之草坪为欣赏牡丹亭提供了恰当的视距

照片 5-23　砼板嵌草铺装地面，增加了有生命的绿色，生动活泼，经久耐踩

照片 5-21　草地与草坪的空间流通

照片 5-22　草坪的主题

1. 以植物景观为草坪的主题　2. 以园林建筑为草地的主题，放在草地的最高处，低处有条小溪、以利草地排水。建筑倒映入池，岸上水下相辉映，益增其美

2

1

照片 5-24 用地被植物创造一个色彩斑斓的世界

照片 5-26 用铜线草（*And rosace saxifrag efolia Bunge*）覆盖阴湿地面效果甚佳

照片 5-25 坡地地被植物的布置
《 sunset,lawns and Groundcovers 》

照片 9-4 白
天鹅宾馆中庭的
"故乡水"瀑布
《中国园林优秀
设计作》

照片 9-3 白云宾馆之飞瀑

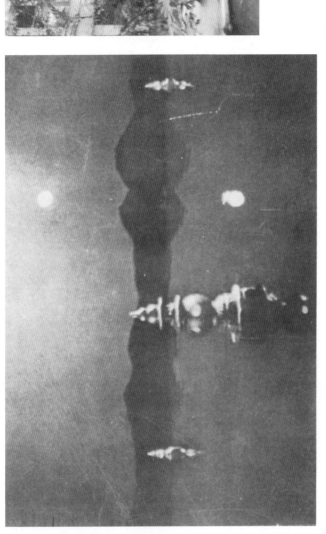

照片 9-1 三潭印月，是西湖湖岛中最大最美的一个景观